高等学校电子信息类专业系列教材

电磁场与微波技术实验教程

主 编 史水娥 张瑜 屈丽丽

西安电子科技大学出版社

内 容 简 介

　　"电磁场与电磁波""微波技术与天线"是高等院校电子信息类专业的必修课程，为帮助学生深入理解和掌握课程的相关知识，需要在理论课的基础上开设相关的实验课程，本书即是与该实验课程配套的教材。

　　本书主要由理论基础、仿真实验和演示实验三部分组成。理论基础部分主要回顾了有关电磁场与电磁波、微波技术与天线的基础知识，仿真实验部分主要介绍了如何利用 MATLAB、ADS、HFSS 等软件对典型知识点进行仿真，演示实验部分主要介绍了如何利用电磁场电磁波数字智能实训平台、射频微波与天线综合实验平台等进行真实场景下的实验。

　　本书可作为电磁场、微波类课程的实验教材，也可供从事电磁场、微波领域工作的工程技术人员参考。

图书在版编目(CIP)数据

电磁场与微波技术实验教程/史水娥，张瑜，屈丽丽主编.
—西安：西安电子科技大学出版社，2022.9
ISBN 978 - 7 - 5606 - 6600 - 6

Ⅰ. ①电… Ⅱ. ①史… ②张… ③屈… Ⅲ. ①电磁场—实验—高等学校—教材
②微波技术—实验—高等学校—教材　Ⅳ. ① O441.4 - 33 ②TN015 - 33

中国版本图书馆 CIP 数据核字(2022)第 148445 号

策　　划　吴祯娥
责任编辑　雷鸿俊　宁晓蓉
出版发行　西安电子科技大学出版社(西安市太白南路 2 号)
电　　话　(029)88202421　88201467　　　邮　　编　710071
网　　址　www.xduph.com　　　　　　　电子邮箱　xdupfxb001@163.com
经　　销　新华书店
印刷单位　陕西日报社
版　　次　2022 年 9 月第 1 版　2022 年 9 月第 1 次印刷
开　　本　787 毫米×1092 毫米　1/16　印张 12.75
字　　数　298 千字
印　　数　1～2000 册
定　　价　35.00 元
ISBN 978 - 7 - 5606 - 6600 - 6/O

XDUP 690200　1 - 1

＊＊＊如有印装问题可调换＊＊＊

前　　言

　　电子信息工程、通信工程、电子科学与技术、光电信息科学与工程等电子信息类专业几乎都涉及电磁场与电磁波理论及应用、微波技术与天线技术及应用、射频技术理论及应用等相关知识，其中"电磁场与电磁波""微波技术与天线"等课程是基础核心课程。这些课程具有理论体系严谨、系统性强、概念抽象、公式繁杂、可视性差等特点，因此是电子信息类专业学生公认的最难学的课程。事实上，影响课程难易程度的主要因素是这些课程的概念抽象和可视性差。为了使学生能够直观感受到电磁场与电磁波、微波等的存在，就需要开设相关的实验课程来进行辅助教学。

　　传统的电磁波实验大多采用的是微波分光仪、频谱仪等仪器，由于这些仪器体积大，配套仪器多，成本高，实验准备烦琐，实验过程复杂，因此许多高校就只进行理论课教学，而忽略了实验教学。目前也有部分高校采用计算机仿真方法进行电磁场与电磁波、微波与天线的仿真实验，让学生通过计算机仿真这一虚拟的方法，感受电磁场与电磁波、微波和天线等的特性。然而，仅通过仿真，不利于学生在实际环境中"感受"电磁场与电磁波、微波等的存在，不利于学生有效建立电磁波传播的空间形象思维。为了增强学生的感性认识，培养学生的实际工程能力，将实际实验和仿真实验相结合的"电磁场与电磁波""微波技术与天线"实验课程的混合式教学势在必行。

　　目前，东南大学、北京理工大学、电子科技大学、西安电子科技大学、杭州电子科技大学、桂林电子科技大学等都建立了电磁场与电磁波实验室、微波技术与天线实验室，这些实验室采用较为先进的智能化综合实验平台设备，通过磁电转换，巧妙地将复杂的、难教难学的电磁场、电磁波、微波演变成对电磁波传播过程可视化（如光的亮度变化）的研究性学习，使学生通过实验仪器和具体的实践过程能够快速建立起电磁波空间图像模型。多年的实践证明，这种实验方式取得了很好的实验效果，对学生深入学习这类课程具有非常大的帮助。

　　本书依托先进的电磁场电磁波数字智能实训平台和射频微波与天线综合实验平台，通过所见即所得的实验过程，将难以理解的电磁波理论、复杂抽象的电磁波算式和微波与天线知识巧妙地以眼见为实的形式展现出来，使学生可以透彻地了解法拉第电磁感应定律、电偶极子、各种微波场、天线基本结构及其特性等重要知识点，可以直观形象地认识和理解电磁场与电磁波、各种微波器件的原理和作用，掌握电磁场和电磁波测量技术的原理和方法。

本书由史水娥、张瑜、屈丽丽合作编写，其中，史水娥编写了微波部分，张瑜编写了电磁场与电磁波部分，屈丽丽编写了天线部分。

本书融入了编者多年来在电磁场与电磁波、微波技术与天线等领域的研究成果，同时也借鉴了国内外许多作者的研究成果，在此特向原作者表示深深的谢意。

本书在编写过程中得到了河南师范大学各级领导的关怀和支持，电子与电气工程学院的同事们也对本书的编写贡献了一定的力量，在此一并向他们表示感谢。西安电子科技大学出版社的编辑们也对本书提出了许多宝贵的意见，在此表示诚挚的谢意。

由于编者水平有限，书中难免存在一些不足之处，敬请广大读者批评指正。

编　者

2022 年 6 月

目　　录

第一章 理论基础

1.1 电磁场与电磁波基础

麦克斯韦方程组描述了宏观电磁现象所遵循的基本规律，是电磁场理论的基本方程。它揭示了电场与磁场、电场与电荷、磁场与电流之间的相互关系，是自然界电磁运动规律最简洁的数学描述，是分析研究电磁问题的基本出发点。

1.1.1 麦克斯韦方程组

麦克斯韦方程组有积分和微分两种表示形式，其积分形式描述了任意闭合曲面或闭合曲线所占空间范围内场与场源之间的关系，微分形式描述了空间任意一点场的变化规律。

麦克斯韦方程组的积分形式为

$$\begin{cases} \oint_c \boldsymbol{H} \cdot \mathrm{d}\boldsymbol{l} = \int_s \left(\boldsymbol{J} + \dfrac{\partial \boldsymbol{D}}{\partial t}\right) \cdot \mathrm{d}\boldsymbol{S} \\[2mm] \oint_c \boldsymbol{E} \cdot \mathrm{d}\boldsymbol{l} = -\int_s \dfrac{\partial \boldsymbol{B}}{\partial t} \cdot \mathrm{d}\boldsymbol{S} \\[2mm] \oint_s \boldsymbol{B} \cdot \mathrm{d}\boldsymbol{S} = 0 \\[2mm] \oint_s \boldsymbol{D} \cdot \mathrm{d}\boldsymbol{S} = \dfrac{1}{\varepsilon} \int_V \rho \mathrm{d}V \end{cases} \tag{1.1-1}$$

麦克斯韦方程组的微分形式为

$$\begin{cases} \nabla \times \boldsymbol{H} = \boldsymbol{J} + \dfrac{\partial \boldsymbol{D}}{\partial t} \\[2mm] \nabla \times \boldsymbol{E} = -\dfrac{\partial \boldsymbol{B}}{\partial t} \\[2mm] \nabla \cdot \boldsymbol{B} = 0 \\[2mm] \nabla \cdot \boldsymbol{D} = \rho \end{cases} \tag{1.1-2}$$

式中，$\boldsymbol{E}$ 为电场强度矢量，$\boldsymbol{H}$ 为磁场强度矢量，$\boldsymbol{D}$ 为电位移矢量，$\boldsymbol{B}$ 为磁感应强度矢量，ρ 为电荷密度，$\boldsymbol{J}$ 为电流密度，$\dfrac{\partial \boldsymbol{D}}{\partial t}$ 为时变电场，$\dfrac{\partial \boldsymbol{B}}{\partial t}$ 为时变磁场。

如果不考虑场和源随时间的变化，即电场与磁场只是静态场，则静态场的麦克斯韦方程组就由电介质的高斯定理和环路定理、磁介质的磁通连续性原理和安培环路定理四个方程组成。如果考虑场和源随时间的变化情况，即在时变电磁场情形下，麦克斯韦根据法拉第电磁感应定律，以及他提出的涡旋电场和位移电流假说，最终形成了可描述电磁场规律的麦克斯韦方程组，同时，他也预言了电磁波的存在。

麦克斯韦提出的涡旋电场和位移电流假说的核心思想是：变化的磁场可以激发涡旋电

场,变化的电场可以激发涡旋磁场;电场和磁场不是彼此孤立的,它们相互联系、相互激发,组成了一个统一的电磁场。

1.1.2 麦克斯韦方程组的特点与意义

从麦克斯韦方程组可以看出:

(1) 时变电场的激发源除了电荷以外,还有变化的磁场;而时变磁场的激发源除了传导电流以外,还有变化的电场。电场和磁场互为激发源,相互激发。

(2) 时变电磁场的电场和磁场不再相互独立,而是相互关联,构成了一个整体——电磁场。电场和磁场分别是电磁场的两个分量。

(3) 在离开辐射源的无源空间中,电荷密度和电流密度矢量为零,电场和磁场仍然可以相互激发,从而在空间形成电磁振荡并传播,这就是电磁波。

(4) 在静态场中,电场和磁场都不随时间变化,即 $\dfrac{\partial \boldsymbol{D}}{\partial t}=0$,$\dfrac{\partial \boldsymbol{B}}{\partial t}=0$,电场与磁场不再相关,而是彼此独立。

更进一步可以看到:

(1) 在无源空间中,麦克斯韦方程组的两个旋度方程为

$$\begin{cases} \nabla \times \boldsymbol{H} = \dfrac{\partial \boldsymbol{D}}{\partial t} \\ \nabla \times \boldsymbol{E} = -\dfrac{\partial \boldsymbol{B}}{\partial t} \end{cases} \tag{1.1-3}$$

由式(1.1-3)可见,两个方程左边的物理量为磁场或电场,右边的物理量则为电场或磁场。两个方程的右边相差一个负号,而正是这个负号使得电场和磁场构成一种相互激励又相互制约的关系。当磁场减小时,电场的涡旋源为正,电场将增大;当电场增大时,磁场增大,增大的磁场反过来又使电场减小。这就使得电场和磁场相互激发,电场线与磁场线相互交链,时变电场的方向与时变磁场的方向处处相互垂直,从而在空间形成电磁振荡并传播,即在空间形成传播的电磁波。

方程(1.1-3)中间的等号深刻揭示了电与磁的相互转换、相互依赖、相互对立,它们共存于统一的电磁场中。正是由于电不断转换为磁,而磁又不断转换为电,才会发生电与磁能量的交换和贮存。

(2) 从式(1.1-3)两边运算来看,它们反映的是一种时空作用。方程的左边是空间的运算(旋度),方程的右边是时间的运算(微分),中间用等号相连接。式(1.1-3)深刻揭示了电(或磁)场任一地点的空间变化会转换成磁(或电)场的时间变化;反过来,场的时间变化也会转换成空间(地点)变化。正是这种空间和时间的相互转换构成了波动的外在形式,即在一个地点出现过的事物,过一段时间后又会在另一个地点出现。

(3) 式(1.1-2)中还存在另一对矛盾对抗,即第 1 个方程右边有传导电流密度和电位移矢量随时间变化两项,而第 2 个方程右边只有磁感应强度随时间变化这一项,这就构成了麦克斯韦方程本质上的不对称性。尽管世界上许多科学工作者为了寻找其对称性而一直在探索磁流的存在,但到目前为止还没有结果。

1.1.3 波动方程

麦克斯韦方程组是一阶矢量微分方程组，描述了电场与磁场间的相互作用关系。时变电磁场中，电场与磁场相互激励，在空间形成电磁波。时变电磁场的能量以电磁波的形式进行传播，说明电磁场具有波动性。描述电磁场的波动性需要用到电磁场的波动方程。电磁场的波动方程是二阶矢量微分方程，表明了时变电磁场的传播特性。

(1) 无源空间($\rho=0$，$J=0$)中的波动方程为

$$\begin{cases} \nabla^2 \boldsymbol{E} - \varepsilon\mu \dfrac{\partial^2 \boldsymbol{E}}{\partial t^2} = 0 \\[2mm] \nabla^2 \boldsymbol{H} - \varepsilon\mu \dfrac{\partial^2 \boldsymbol{H}}{\partial t^2} = 0 \end{cases} \tag{1.1-4}$$

(2) 导电媒质无源空间($\rho=0$，$J\neq0$)中的波动方程为

$$\begin{cases} \nabla^2 \boldsymbol{E} - \mu\sigma \dfrac{\partial \boldsymbol{E}}{\partial t} - \varepsilon\mu \dfrac{\partial^2 \boldsymbol{E}}{\partial t^2} = 0 \\[2mm] \nabla^2 \boldsymbol{H} - \mu\sigma \dfrac{\partial \boldsymbol{H}}{\partial t} - \varepsilon\mu \dfrac{\partial^2 \boldsymbol{H}}{\partial t^2} = 0 \end{cases} \tag{1.1-5}$$

(3) 导电媒质有源空间($\rho\neq0$，$J\neq0$)中的波动方程为

$$\begin{cases} \nabla^2 \boldsymbol{E} - \varepsilon\mu \dfrac{\partial^2 \boldsymbol{E}}{\partial t^2} = \mu \dfrac{\partial \boldsymbol{J}}{\partial t} + \dfrac{\nabla\rho}{\varepsilon} \\[2mm] \nabla^2 \boldsymbol{H} - \varepsilon\mu \dfrac{\partial^2 \boldsymbol{H}}{\partial t^2} = -\nabla\times\boldsymbol{J} \end{cases} \tag{1.1-6}$$

式中，μ 为媒质的磁导率，ε 为媒质的介电常数。

1.2 微波技术基础

微波传输线可引导电磁波沿一定的方向传播，是传输微波信息和能量的各种形式的传输系统的总称。双导体传输线是常用的微波传输线之一，它传输 TEM 波，可采用分布参数电路理论对其进行分析。微波传输线理论给出了一个有趣的结论：传输线具有阻抗变换的作用，微波电路的阻抗因附加一小段传输线而显著变化。这一特性是微波匹配电路设计的基础，它可以使系统调整到最佳工作状态，可使负载获得最大功率。由于任意一个微波系统都是由许多具有不同作用的微波无源元件和有源电路组成的，因此，本节简要介绍一些典型微波元件的特性。

1.2.1 传输线

1. 传输线方程

图 1.2-1 所示为平行双导线的基本结构，其始端连接波源，终端连接负载。平行双导线可以视为无限个长度为 Δz 的线元的连接，且由于 $\Delta z \ll \lambda$，所以 Δz 的线元可用集总参数电路进行等效，如图 1.2-2 和图 1.2-3 所示。其中 R、L、G 和 C 分别为传输线单位长度的电阻、电感、电导和电容，它们的数值与传输线的形状和尺寸、导线的材料以及传输线

填充的媒质有关。

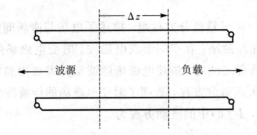

图 1.2-1　平行双导线的基本结构

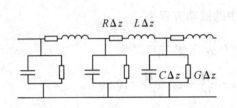

图 1.2-2　平行双导线的等效电路

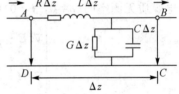

图 1.2-3　Δz 段的等效电路

利用基尔霍夫电压、电流定律可得

$$\begin{cases} u(z+\Delta z,\ t)-u(z,\ t)=\dfrac{\partial u(z,\ t)}{\partial z}\Delta z \\[2mm] i(z+\Delta z,\ t)-i(z,\ t)=\dfrac{\partial i(z,\ t)}{\partial z}\Delta z \end{cases} \tag{1.2-1}$$

令 $\Delta z\to 0$，可得传输线方程的一般形式为

$$\begin{cases} \dfrac{\partial u(z,\ t)}{\partial z}=Ri(z,\ t)+L\,\dfrac{\partial i(z,\ t)}{\partial t} \\[3mm] \dfrac{\partial i(z,\ t)}{\partial z}=Gu(z,\ t)+C\,\dfrac{\partial u(z,\ t)}{\partial t} \end{cases} \tag{1.2-2}$$

式中，R、L、C、G 分别为均匀传输线单位长度的电阻、电感、电容、漏电导。由于分布参数 R、L、C、G 不随位置变化，所以对应时谐电压 u 和电流 i 可用复振幅表示为

$$\begin{cases} u(z,\ t)=\mathrm{Re}[U(z)\mathrm{e}^{\mathrm{j}\omega t}] \\[2mm] i(z,\ t)=\mathrm{Re}[I(z)\mathrm{e}^{\mathrm{j}\omega t}] \end{cases} \tag{1.2-3}$$

将式(1.2-3)代入式(1.2-2)，化简可得时谐传输线方程为

$$\begin{cases} \dfrac{\mathrm{d}U(z)}{\mathrm{d}z}=-ZI(z) \\[3mm] \dfrac{\mathrm{d}I(z)}{\mathrm{d}z}=-YU(z) \end{cases} \tag{1.2-4}$$

式中，

$$\begin{cases} Z=R+\mathrm{j}\omega L \\[2mm] Y=G+\mathrm{j}\omega C \end{cases} \tag{1.2-5}$$

其中，Z、Y 分别称为传输线单位长度的串联阻抗和并联导纳。

定义电压传播常数 γ 为

$$\gamma = \sqrt{ZY} = \sqrt{(R+\mathrm{j}\omega L)(G+\mathrm{j}\omega C)} = \alpha + \mathrm{j}\beta \qquad (1.2-6)$$

其中，α 为衰减常数，β 为相位常数。

将式(1.2-4)再对 z 进行微分，并利用式(1.2-6)可得

$$\begin{cases} \dfrac{\mathrm{d}^2 U(z)}{\mathrm{d}z^2} - \gamma^2 U(z) = 0 \\[2mm] \dfrac{\mathrm{d}^2 I(z)}{\mathrm{d}z^2} - \gamma^2 I(z) = 0 \end{cases} \qquad (1.2-7)$$

显然，方程(1.2-7)满足一维波动方程，则可求得电压和电流的通解分别为

$$\begin{cases} U(z) = U^+(z) + U^-(z) = A_1 \mathrm{e}^{-\gamma z} + A_2 \mathrm{e}^{\gamma z} \\[2mm] I(z) = I^+(z) + I^-(z) = \dfrac{1}{Z_0}(A_1 \mathrm{e}^{-\gamma z} - A_2 \mathrm{e}^{\gamma z}) \end{cases} \qquad (1.2-8)$$

式中，

$$Z_0 = \sqrt{\dfrac{Z}{Y}} = \sqrt{\dfrac{R+\mathrm{j}\omega L}{G+\mathrm{j}\omega C}} \qquad (1.2-9)$$

式(1.2-8)表明，传输线上的电压和电流以波的形式进行传播，且任意一点处的电压（或电流）分别由沿 z 方向传播的入射波电压 $U^+(z)$、电流 $I^+(z)$ 和沿 $-z$ 方向传播的反射波电压 $U^-(z)$（或电流 $I^-(z)$）构成。A_1 和 A_2 的值可由给定的初始条件确定。特性阻抗 Z_0 是传输线上入射波的电压与电流之比，一般表达式为式(1.2-9)，它通常是与工作频率有关的复数。传播常数 γ 是描述导行波沿导行系统传播过程中的衰减和相位变化的参数，一般表达式为式(1.2-6)。

2. 传输线的状态参量

1) 输入阻抗

输入阻抗定义为传输线上某点 d 处的电压与电流之比，记为 $Z_{\mathrm{in}}(d)$，其表达式为

$$Z_{\mathrm{in}}(d) = Z_0 \dfrac{Z_L + Z_0 \tanh(\gamma d)}{Z_0 + Z_L \tanh(\gamma d)} \qquad (1.2-10)$$

对于无耗线有

$$Z_{\mathrm{in}}(d) = Z_0 \dfrac{Z_L + \mathrm{j}Z_0 \tan(\beta d)}{Z_0 + \mathrm{j}Z_L \tan(\beta d)} \qquad (1.2-11)$$

这表明，传输线上任一点 d 的输入阻抗与该点的位置 d 和负载阻抗 Z_L 有关，d 点的阻抗可看成由 d 处向负载看去的输入阻抗。

2) 反射系数 Γ

反射系数 Γ 定义为传输线上某点 d 处的反射波电压（或电流）与该点的入射波电压（或电流）之比，其表达式为

$$\begin{cases} \Gamma_U(d) = \dfrac{U^-(d)}{U^+(d)} \\[2mm] \Gamma_I(d) = \dfrac{I^-(d)}{I^+(d)} \end{cases} \qquad (1.2-12)$$

式中，$U^+(d)$ 和 $I^+(d)$ 分别表示 d 处的入射波电压和入射波电流，$U^-(d)$ 和 $I^-(d)$ 分别表示 d 处的反射波电压和反射波电流。由终端条件解可见，$\Gamma_I(d) = -\Gamma_U(d)$。通常采用便于测

量的电压反射系数，以 $\Gamma(d)$ 表示之。

传输线上同一点处的反射系数与输入阻抗的关系可以根据其定义得到：

$$Z_{in}(d) = Z_0 \frac{1 + \Gamma(d)}{1 - \Gamma(d)} \qquad (1.2-13)$$

可见，当传输线上的特性阻抗一定时，输入阻抗与反射系数一一对应，因此可以通过测量一种参数来计算另一种参数。

3）电压驻波比 VSWR

电压驻波比简称驻波比，定义为传输线上相邻的波腹点和波谷点的电压振幅之比，记为 VSWR 或 ρ，其表达式为

$$VSWR = \frac{|U|_{max}}{|U|_{min}} \qquad (1.2-14)$$

3. 传输线的阻抗匹配

阻抗匹配能使微波传输系统将波源的功率有效地传给负载，共有三种匹配状态。

1）负载阻抗匹配

负载阻抗匹配的目的是使负载无反射，其实现条件是 $Z_L = Z_0$，其实现方法是在负载与传输线之间接入匹配网络，其实质是人为产生一个反射波，使之与实际负载的反射波相抵消，如图 1.2-4 所示。

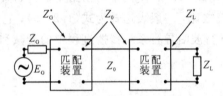

图 1.2-4　微波传输系统的匹配

图中，E_G 为波源电压，内阻抗 $Z_G = R_G + jX_G$。当负载阻抗等于传输线的特性阻抗，即 $Z_L = Z_0$ 时，终端反射系统 $\Gamma_L = 0$，则传输线的输入阻抗 $Z_{in} = Z_0$，于是传送给负载的功率为

$$P = \frac{1}{2} |E_G|^2 \frac{Z_0}{(Z_0 + R_G)^2 + X_G^2} \qquad (1.2-15)$$

2）源阻抗匹配

源阻抗匹配的目的是使信号源端无反射，其实现条件是选择负载阻抗 Z_L 或传输线参数 β、l、Z_0，使 $Z_{in} = Z_G$，其中 Z_G 为信号源内阻。源阻抗匹配的实现方法是在信号源与传输线之间接入匹配网络。若负载端已匹配，则使 $Z_G = Z_0$，这样，整个传输系统便可实现匹配。

当信号源阻抗等于传输线的特性阻抗，即 $Z_{in} = Z_G$ 时，$\Gamma_{in} = 0$，此时信号源与传输线端匹配。但由于 Γ_L 可能不等于零，所以线上可能存在驻波。

3）共轭阻抗匹配

信号源的共轭匹配的目的是使信号源的功率输出最大，条件是使 $Z_{in} = Z_G^*$，其实现方法也是在信号源与被匹配电路之间接入匹配装置。信号源的内阻需满足

$$\begin{cases} R_{in} = R_G \\ X_{in} = -X_G \\ Z_{in} = Z_G^* \end{cases} \qquad (1.2-16)$$

所传送的功率为

$$P = \frac{1}{2} \mid E_G \mid^2 \frac{1}{4R_G} \qquad (1.2-17)$$

此时，传送给负载的功率最大。

4. Smith 圆图

由前述内容可知，利用传输线的输入阻抗，根据推导的公式可进行阻抗匹配的计算，但其过程烦琐，不便于计算。为了简化计算，采用图解方法可很快求得计算结果。史密斯(Smith)圆图是分析传输线匹配问题的有效方法，它不但物理概念清晰、直观，而且计算方便。

阻抗圆图由等反射系数圆族、等归一化电阻圆族和等归一化电抗圆族构成。已知无耗线上任一点的反射系数为

$$\Gamma(d) = \mid \Gamma_L \mid e^{j(\varphi_L - 2\beta d)} = \mid \Gamma_L \mid e^{j\Phi(d)} = \frac{Z_{in}(d) - 1}{Z_{in}(d) + 1} \qquad (1.2-18)$$

可见反射系数在 Γ 复平面上的极坐标等值线簇 $\mid \Gamma(d) \mid =$ 常数 $(\leqslant 1)$ 是单位圆内的一簇同心圆，如图 1.2-5 所示。φ 是 d 处反射系数的幅角。当 d 增加，即由负载向电源方向移动时，φ 减小，相当于顺时针转动；反之，电源向负载方向移动，φ 增大，相当于逆时针转动。

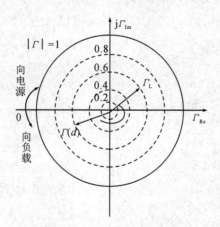

图 1.2-5 反射系数圆

利用归一化输入阻抗与反射系数的数学关系，可得到两个圆的方程：

$$\left(\Gamma_{Re} - \frac{r}{1+r} \right)^2 + \Gamma_{Im}^2 = \left(\frac{1}{1+r} \right)^2 \qquad (1.2-19)$$

$$(\Gamma_{Re} - 1)^2 + \left(\Gamma_{Im} - \frac{1}{x} \right)^2 = \left(\frac{1}{x} \right)^2 \qquad (1.2-20)$$

式(1.2-19)和式(1.2-20)分别是以归一化电阻 r 和归一化电抗 x 为参数的两组圆方程。图 1.2-6(a)为归一化电阻圆图，其圆心坐标为 $(r/(1+r), 0)$，半径为 $r/(1+r)$。图 1.2-6(b)

为归一化电抗圆图，其圆心坐标为$(1，1/x)$，半径为$1/x$。将上述反射系数圆图、归一化电阻圆图和归一化电抗圆图画在一起，就构成了完整的阻抗圆图，即 Smith 阻抗圆图，如图 1.2 - 7 所示。

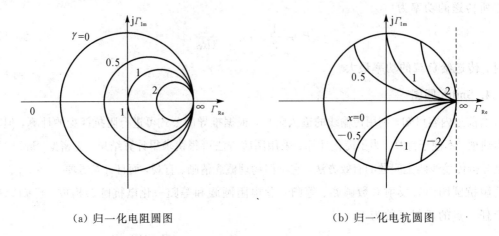

（a）归一化电阻圆图　　　　　　（b）归一化电抗圆图

图 1.2 - 6　Γ 复平面上的归一化圆图

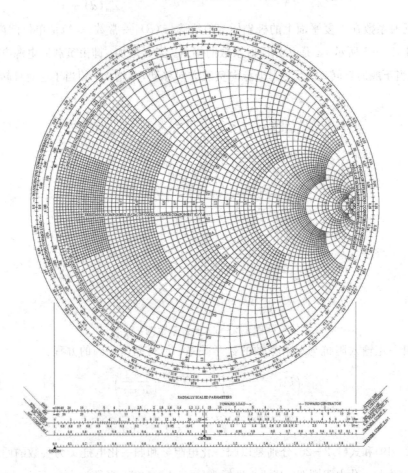

图 1.2 - 7　Smith 圆图

根据上述对阻抗圆图构成的分析，可得到以下结论：

(1) 圆图的中心点对应于 $\Gamma=0$，$x=0$，$r=1$，$\rho=1$，是匹配点。实轴上的所有点(两端点除外)表示纯归一化电阻，这是因为当 $x=0$ 时，等 x 圆的半径为∞，等 x 圆退化成实轴；实轴左端点对应 $\Gamma=-1$，$z=0$，故该点是短路点；实轴右端点对应 $\Gamma=1$，$z=\infty$，故该点是开路点。

(2) 圆图的单位圆对应于 $\Gamma=1$，$r=0$，$z=jx$，故该圆是纯归一化电抗圆。实轴以上半圆的等 x 圆曲线对应 $x>0$，故上半圆中各点代表各种不同数值的感性复阻抗的归一化值；实轴以下半圆的等 x 圆曲线对应 $x<0$，故下半圆中各点代表各种不同数值的容性复阻抗的归一化值。

(3) 圆图的右半实轴上的点对应于传输线上电压的同相位点，故是电压波腹点(电流波节点)，r 的值即为电压驻波系数(电压驻波比)ρ 的值；左半实轴上的点对应于传输线上电流的同相位点，故为电流波腹点(电压波节点)，r 的值即为行波系数 K 的值。

在实际应用中，除根据传输线上某点的阻抗求另外一点处的阻抗外，有时还需根据传输线上某点的导纳求另外一点处的导纳。用于导纳计算的圆图称为导纳圆图。

因导纳 Y 是阻抗 Z 的倒数，故可得到传输线上任一点处的归一化导纳为

$$y = g + jb = \frac{1-\Gamma}{1+\Gamma} \qquad (1.2-21)$$

与式(1.2-18)相比，式(1.2-21)只是将原来的电压反射系数 Γ 换成了电流反射系数 Γ_I。因此，导纳圆图与阻抗圆图的图形完全相同，只是图中曲线所代表的意义不同。换言之，在将阻抗圆图作为导纳圆图使用时，应将阻抗圆图中的 r、x 和 Γ 相应地换为 g、b 和 Γ_I，而标度值不变。

1.2.2 微波无源元件

1. 终端负载

1) 短路负载

短路负载又称短路器，其作用是将电磁波能量全部反射回去。将波导或同轴线的终端短路(用金属导体全部封闭起来)即可构成波导或同轴线短路负载。实用中的短路负载都做成可调的，称为可调短路活塞。在小功率的情况下，常采用直接接触式短路活塞，它由细弹簧片构成，如图 1.2-8 所示，弹簧片长度应为 $\lambda_g/4$(λ_g 为电磁波的波长)，使接触处位于高频电流的节点，以减小损耗。接触式活塞的优点是结构简单，缺点是活塞移动时接触不恒定，弹簧片会逐渐磨损，大功率时容易发生打火现象。目前接触式活塞已很少采用。

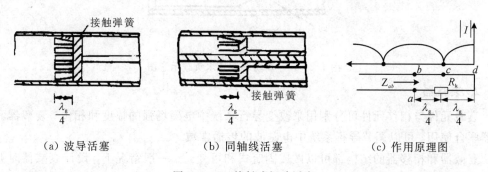

| (a) 波导活塞 | (b) 同轴线活塞 | (c) 作用原理图 |

图 1.2-8 接触式短路活塞

2) 匹配负载

匹配负载是一种能全部吸收输入功率的一端口元件。它是一段终端短路的波导或同轴线,其中放有吸收物质。匹配负载在微波测量中常用作匹配标准;在调整仪器和机器(例如调整雷达发射机)时,常用作等效天线。匹配负载的主要技术指标是工作频带、输入驻波比和功率容量。

根据所吸收功率的大小,匹配负载可分为低功率匹配负载(小于 1 W)和高功率匹配负载(大于 1 W)两种。

低功率匹配负载一般为一段终端短路的波导,其内部沿电场方向放置有一块或数块劈形吸收片或楔形吸收体,如图 1.2-9 所示。吸收片是由上面涂以金属碎末或炭末的薄片状介质(如陶瓷片、玻璃、胶木片等)制成的。其表面电阻的大小需根据匹配条件用实验确定。吸收片劈面长度应是 $\lambda_g/2$ 的整数倍。楔形吸收体则是用羟基铁和聚苯乙烯混合物做成的。低功率波导匹配负载的驻波比通常在 10%~15% 频带内可做到小于 1.01。

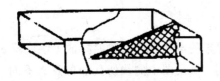 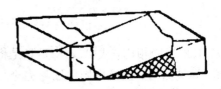

(a) 劈形吸收片　　　　　　　　　　(b) 有耗楔形吸收体

图 1.2-9　低功率波导匹配负载

高功率匹配负载的构造原理与低功率负载的一样,但在高功率时需要考虑热量的吸收和发散问题。吸收物质可以是固体(如石墨和水泥混合物)或液体(通常用水)。利用水作吸收物质,由水的流动携出热量的终端装置,称为水负载,如图 1.2-10 所示。它是在波导终端安置劈形玻璃容器,其内通以水,以吸收微波功率。流进的水吸收微波功率后温度升高,因此可根据水的流量和进出水的温度差测量微波功率值。

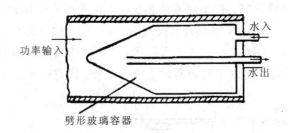

图 1.2-10　高功率波导水负载示意图

2. 衰减器

衰减元件与相移元件可分别用来改变导行系统中电磁场强的幅度和相位。衰减器和相移器联合使用,可以调节导行系统中电磁波的传播常数。

衰减器和相移器的结构都可以做成固定式和可变式。一般情况下,设计衰减器时并不苛求其相位关系,而设计相移器时要求不引入附加的衰减。

理想衰减器应该是一个相移为零、衰减量可变的二端口网络，其散射矩阵为

$$S = \begin{bmatrix} 0 & e^{-\alpha l} \\ e^{-\alpha l} & 0 \end{bmatrix} \qquad (1.2-22)$$

式中，α 为衰减常数，l 为衰减器长度。

理想相移器应该是一个具有单位振幅、相移量可变的二端口网络，其散射矩阵为

$$S = \begin{bmatrix} 0 & e^{-j\theta} \\ e^{-j\theta} & 0 \end{bmatrix} \qquad (1.2-23)$$

式中，$\theta = \beta l$，为相移器的相移量。

衰减器的种类很多，使用最多的是吸收式衰减器，它是在一段矩形波导中平行放置衰减片而构成的，衰减片的位置可以调节，如图 1.2-11 所示。衰减片一般是由胶布板表面上涂覆石墨或是由在玻璃上蒸发得很薄的电阻膜做成的。为了消除反射，衰减片两端通常做成渐变形。

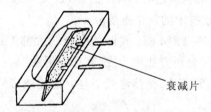

衰减片

图 1.2-11　吸收式衰减器

由 $\theta = \beta l$ 可知，利用改变导行系统的相移常数 $\beta = (\omega/v_p)$ 可以改变相移，而相移常数 β 与 $\sqrt{\varepsilon_r}$ 成正比。因此，将图 1.2-11 所示衰减器的衰减片换成介质片，便可构成可调相移器。由 $\theta = \beta l$ 也可知，改变导行系统的等效长度也可以改变相移。为此可在矩形波导宽边中心加一个或多个螺钉，构成螺钉相移器。

3. 滤波器

在射频/微波技术特别是在多频率工作的各种微波系统中，微波滤波器是一种十分重要的微波元件。微波滤波器的种类很多，按衰减特性分类，有低通、高通、带通和带阻滤波器；按频率特性响应分类，有最平坦式、切比雪夫式、椭圆函数式滤波器；按其所用的传输系统分类，有波导型、同轴型、微带型滤波器等。此外，微波滤波器还有宽带、窄带以及大功率、小功率之分等。

在低频电路中，滤波器电路都是由集总参数的电感和电容组成的，但在微波波段并不存在这种集总参数的电感和电容，因此必须采用分布参数元件来代替集总参数元件；一般常用的方法有两种：一种是用短路短截线和开路短截线实现电感和电容，另一种是用高、低阻抗短截线近似实现串联电感和并联电容。

4. 微带线

微带线又称非对称微带或标准微带，是一种单接地板介质传输线。它可看成是由双导体传输线演变而来的，即将无限薄的理想导体板垂直插入双导体中间（这并不扰动原来的

场分布，因为导体板与所有的电力线相垂直），将其中一侧的导体圆柱移去，再把留下的导体变为带状，并在它与导体板之间加入介质材料（称为介质基片）构成，如图1.2-12所示。

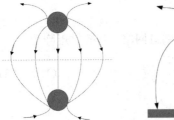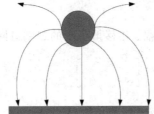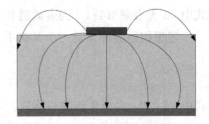

图 1.2 - 12　微带线的演变

微带线是微波集成电路中使用最多的一种传输线，其结构不仅便于同有源器件连接，构成有源固态电路，还可在一块介质基片上制作完整的微波电路布局，有利于提高微波组件和系统的集成化、固态化和小型化的程度。因此，近些年来以微带线等为基础的微波集成技术已发展成为射频/微波技术的一个重要分支。

微带线中的传输主模是准 TEM 模。实际的微带线大都工作在低频弱色散区，此时可按 TEM 模来近似分析，这种分析方法称为"准静态分析法"。

同平行双导线、同轴线等 TEM 模传输线一样，描述微带线的特性也是用的相速和特性阻抗这两个主要特性参量。

对无耗的 TEM 模传输线而言，其特性阻抗和相速分别为

$$Z_0 = \frac{Z_{0a}}{\sqrt{\varepsilon_e}} \tag{1.2 - 24}$$

$$v_p = \frac{1}{\sqrt{LC}} \tag{1.2 - 25}$$

式中，$Z_{0a} = \dfrac{1}{cC_0}$ 为空气微带的特性阻抗（c 为光速，C_0 为空气微带单位长度的分布电容），ε_e 为微带线的有效介电常数，L、C 分别为 TEM 模传输线单位长度的分布电感和分布电容。

1.2.3　微波有源元件

1. 混频器

微波混频器是通信、雷达、电子对抗等系统的微波接收机以及很多微波测量设备所不可缺少的组成部分；它将微弱的微波信号和本地振荡信号同时加到非线性元件上，变换为频率较低的中频信号，再进一步放大、解调和信号处理，以便于实用。对微波混频器的基本要求是小变频损耗和低噪声系数。

微波混频器是一类典型的三端口有源电路，它利用器件的非线性或时变特性实现频率变换，是微波上下变频器、倍频器和分频器等频率变换电路的核心部件。理想的混频器是输入两个不同频率的信号并进行相乘，就可以得到两个频率相加或相减的带有信息的中频率信号。

实际上通过非线性器件的两个信号会产生许多不同的谐波信号,因此通常需要在后端加相应的滤波器来实现频率的选择。典型的上下变频结构及原理如图 1.2-13 所示。

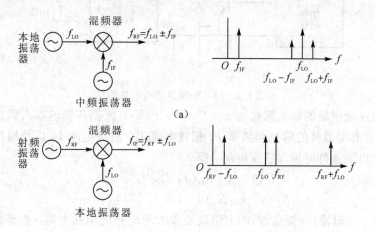

图 1.2-13　混频器的典型变频结构及原理

描述混频器的主要参数包括变频损耗、噪声系数、中频阻抗、击穿功率、输入/输出驻波比等。变频损耗反映频率变换过程中所引起的损耗。对于下变频混频器,变频损耗(L_C)是指输入到混频器的微波资用功率(P_S)和输出中频资用功率(P_{IF})之比:

$$L_C = 10\lg \frac{P_S}{P_{IF}} \qquad (1.2-26)$$

噪声系数(F)是输入、输出信噪比的比值:

$$F = \frac{S_{in}/N_{in}}{S_{out}/N_{out}} = L_C \frac{N_{out}}{N_{in}} \qquad (1.2-27)$$

式中,N_{in} 是输入混频器的噪声资用功率,N_{out} 是混频器输出端的总噪声资用功率,L_C 是混频器的变频损耗。

微波混频器的基本电路包括单端混频器、平衡混频器和双平衡混频器,在这些基本混频器电路的基础上增加镜像信号处理技术就可构成镜像回收混频器,包括滤波器式镜像回收混频器和平衡式镜像回收混频器。为了保证有效进行混频,微波混频器的基本电路都应满足以下几项主要原则:

(1) 信号功率和本振功率应能同时加到二极管上,二极管要有直流通路和中频输出回路。

(2) 二极管和信号回路应尽可能做到匹配,以便获得较大的信号功率。

(3) 本机振荡器与混频器之间的耦合应能调节,以便选择合适的工作状态。

(4) 中频输出端应能滤掉高频信号,以防止渗入中频放大器。

2. 振荡器

微波振荡器(Oscillator)是将直流能量转化为微波信号能量的有源电路,它是发射机中的微波信号源以及用于上下变频中产生本地振荡的基本电路。它通常由一个无源谐振电路(始端网络)、有源器件(或称振荡管)以及负载匹配网络组成,如图 1.2-14 所示。其中,无源谐振电路可以是谐振微带线、腔体谐振器、介质谐振器或可调谐变容管等,振荡管可以是双极晶体管(BJT)、GaAs 场效应管(FET)或异质结晶体管(HBT)等,都是利用它们在合适的偏置状态下呈现的负阻特性来实现能量转换的。

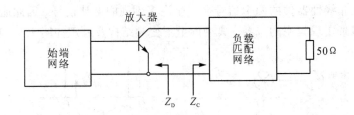

图 1.2-14　振荡器结构示意图

假设负载匹配网络的输入阻抗为 $Z_C(f)=R_C+jX_C$，而振荡管的输入阻抗为 $Z_D(f)=R_D+jX_D$。通常有源器件的阻抗与频率 f、偏置电流 I_0、射频电流 I_{RF} 以及温度 T 有关，当上述电路满足以下条件时可以实现振荡，即

$$R_C(f) \leqslant |R_D(f, I_0, I_{RF}, T)| \qquad (1.2-28)$$

$$X_C(f) + |X_D(f, I_0, I_{RF}, T)| = 0 \qquad (1.2-29)$$

由此可见，负阻器件(振荡管)的电阻值必须大于电路的消耗电阻，而谐振时电路的总阻抗为零。通常选 $R_C = -\frac{1}{3}R_D$，以保证可靠振荡。

3. 放大器

微波放大电路是射频系统中一个重要的有源部件，就其实际所用器件而言，可以分为微波晶体管放大电路和场效应管放大电路；就其应用场景来说，可以分为低噪声放大器、小信号高增益放大器和功率放大器。其中，低噪声放大器和小信号高增益放大器都工作在小信号状态，因此可以使用小信号参数模型分析，而功率放大器则需用大信号模型和参量分析。放大器的一般特性包括增益要求、带宽要求、输入/输出驻波比以及稳定性要求等，低噪声放大器需按最小噪声目标设置管子的工作状态，高增益放大器则需以最大增益为目标进行设计，功率放大器要求负载得到较大的功率。

微波放大器是一个典型的双口网络，其各端口参数如图 1.2-15 所示。反映微波放大器特征的主要参数有增益、噪声系数、稳定系数等，其中增益又可以分为工作功率增益、转换功率增益和资用功率增益。

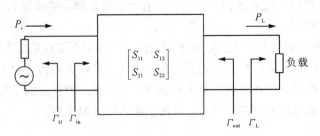

图 1.2-15　放大电路的双口网络

1.3　天线基础

目前，绝大多数的信息传输都要通过无线电波的传播来实现，即无线通信。在无线通信系统中，需要通过发射机将携带信息的电磁波辐射出去，接收机则需要收集电磁波后进

行处理，以获得有用信息。用来辐射和接收电磁波的装置称为天线。

根据电磁场与电磁波理论，激发电磁波的源是变化的电荷或变化的电流，也就是说，变化的电荷或电流都可以是激发电磁振荡源，称为辐射源。变化电磁场相互作用和有限的传播速度可使电磁能量脱离振荡源，以电磁波的形式在空间传播，这种现象称为电磁辐射。要使电磁能量按一定的方式辐射出去，变化的电荷或电流必须按一定的方式分布。天线就是使辐射源产生电磁场且能使之有效辐射的系统。当振荡源产生的电磁波的波长与天线尺寸可比拟时，就会产生显著的辐射；如由发射机产生的高频振荡能量，经过发射天线变为电磁波能量，并向预定方向辐射。电磁波通过媒质传播到达接收天线附近，接收天线将接收到的电磁波能量变为高频振荡能量送入接收机，从而完成电磁波传输的全过程。可见，天线是无线传输系统中一个非常重要的单元或部件。

最简单的天线是偶极子天线，最复杂的天线可能是复杂庞大的系统，这需要根据实际使用情况来确定；天线上的电流分布是决定天线辐射的主要因素。

天线从功能上可分为发射天线和接收天线两种。对于发射天线的基本要求是有效地按指定方向和范围辐射电磁波，即方向性。由于在线性媒质中空间场方程是线性的，因此观察点的场是构成天线的所有单元振子辐射场矢量的叠加，即天线定向辐射具有叠加性。天线的方向特性由方向性系数描述，它取决于电流分布。接收天线是将远方来到的空间波场转换为接收回路中电流的换能器，其作用机制是波场在接收天线各单元上产生感应电动势，并在接收回路中叠加。对接收天线的基本要求仍然是方向性（接收来波，避开干扰）和增益（有效性）。一般来讲，天线的方向性与增益是互相联系的；实际上，天线具有互易性，大部分天线既能作发射天线，又能作接收天线。

1.3.1 电偶极子天线周围的电磁场特性

电偶极子是一种基本辐射单元，也称为电基本振子。它是长度 l 远小于波长的直线电流元，线上电流分布均匀，且相位相同。一个时谐振荡的电流元可以辐射电磁波，故又称为元天线。元天线是最基本的天线。任意线天线均可看成是由一系列电偶极子构成的，电偶极子产生的电磁场的计算、分析是线性天线工程应用的基础。

设电偶极子的电流为 I，则电偶极子的电流元为 $e_z I \mathrm{d}z'$，如图 1.3-1 所示。

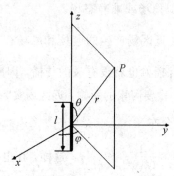

图 1.3-1 电偶极子

根据电磁场理论，可以得到电偶极子在空间产生的电磁场为

$$
\begin{cases}
E_r = \dfrac{2k^3 Il\cos\theta}{4\pi\omega\varepsilon_0}\left[\dfrac{1}{(kr)^2} - \dfrac{\mathrm{j}}{(kr)^3}\right]\mathrm{e}^{-\mathrm{j}kr} \\[3mm]
E_\theta = \dfrac{k^3 Il\sin\theta}{4\pi\omega\varepsilon_0}\left[\dfrac{\mathrm{j}}{kr} + \dfrac{1}{(kr)^2} - \dfrac{\mathrm{j}}{(kr)^3}\right]\mathrm{e}^{-\mathrm{j}kr} \\[3mm]
H_\varphi = \dfrac{k^2 Il\sin\theta}{4\pi}\left[\dfrac{\mathrm{j}}{kr} + \dfrac{1}{(kr)^2}\right]\mathrm{e}^{-\mathrm{j}kr}
\end{cases}
\qquad (1.3-1)
$$

式中，ω 为角频率，k 为媒质中电磁波的波数，l 为电偶极子的长度。

可见，电偶极子在空间产生的电磁场只有 φ 方向上的磁场分量 H_φ 和 r、θ 方向上的电场分量 E_r、E_θ。

将 $kr\ll1$ 即 $r\ll\dfrac{\lambda}{2\pi}$ 的区域称为近区，近区中的电磁场称为近区场；将 $kr\gg1$ 即 $r\gg\dfrac{\lambda}{2\pi}$ 的区域称为远区，远区中的电磁场称为远区场。当然，在这两个条件之外的区域称为中间区，或称为过渡区。过渡区中的电磁场可用式(1.3-1)计算得到。近区场和远区场则可采用近似得到。

1. 电偶极子的近区电磁场分布

由于近区场的 $kr\ll1$，则 $\dfrac{1}{kr}\ll\dfrac{1}{(kr)^2}\ll\dfrac{1}{(kr)^3}$，$\mathrm{e}^{-\mathrm{j}kr}\approx1$。这样，在电磁场的各分量中起主要作用的是 $\dfrac{1}{kr}$ 的高次幂，而其他项的作用可以忽略，这样，式(1.3-1)可近似为

$$
\begin{cases}
E_r = -\dfrac{\mathrm{j}Il\cos\theta}{2\pi\omega\varepsilon_0 r^3} \\[3mm]
E_\theta = -\dfrac{\mathrm{j}Il\sin\theta}{4\pi\omega\varepsilon_0 r^3} \\[3mm]
H_\varphi = \dfrac{Il\sin\theta}{4\pi r^2}
\end{cases}
\qquad (1.3-2)
$$

由于时变情形下的电偶极子在近区场产生的电场表达式与电偶极子在静态场中的电场表达式相同，磁场表达式与静态场中恒定电流元产生的磁场表达式相同，因此称时变电偶极子在近区场产生的电磁场为似稳场或准静态场。

另外，由于时变电偶极子在近区场产生的电场和磁场存在 $\dfrac{\pi}{2}$ 的相位差，能量在电场和磁场以及场与源之间交换，没有辐射也就没有波的传播，因此近区场也称为感应场。

这里忽略了电磁场表达式中次要因素的影响，近区场实际上也有很小的功率向外辐射。

2. 电偶极子的远区电磁场分布

由于远区场的 $kr\gg1$，则 $\dfrac{1}{kr}\gg\dfrac{1}{(kr)^2}\gg\dfrac{1}{(kr)^3}$。这样，在电磁场的各分量中起主要作用的是 $\dfrac{1}{kr}$ 的低次幂，而其他高次幂项的作用可以忽略，这样，式(1.3-1)可近似为

$$\begin{cases} E_r = 0 \\ E_\theta = \mathrm{j}\, \dfrac{Il\eta_0\sin\theta}{2\lambda r}\mathrm{e}^{-\mathrm{j}kr} \\ H_\varphi = \mathrm{j}\, \dfrac{Il\sin\theta}{2\lambda r}\mathrm{e}^{-\mathrm{j}kr} \end{cases} \qquad (1.3-3)$$

这里，$\eta_0 = \sqrt{\dfrac{\mu_0}{\varepsilon_0}}$ 为真空中的波阻抗。

时变电偶极子在近区场与远区场产生的电磁场完全不同。由于远区场有能量传播，因此远区场也称为辐射场。远区场的特点可归结为：

(1) 远区场为沿 r 方向传播的电磁波。

(2) 远区场纵向分量 $E_r \ll E_\theta$，而磁场分量只有横向分量 H_φ，故远区场近似为 TEM 波。

(3) 远区空间内任意一点的电场和磁场在空间方向上相互垂直，在时间相位上同相。

(4) 远区场电磁场振幅比等于媒质的本征阻抗，即 $E_\theta/H_\varphi = \eta_0$。

(5) 远区场是非均匀球面波，电、磁场振幅都与 r 成反比；其等相位面为 r，等于常数的球面。

(6) 远区场具有方向性，振幅按 $\sin\theta$ 变化。

(7) 远区场有能量传播。

天线通过辐射场向外部空间辐射电磁波，其辐射功率即为通过包围此天线的闭合曲面的功率流的总和，即

$$P_r = \int_S \boldsymbol{S}_{\mathrm{av}} \cdot \mathrm{d}\boldsymbol{S} = \int_0^{2\pi}\int_0^{\pi} \boldsymbol{e}_r \frac{\eta_0}{2}\left(\frac{Il\sin\theta}{2\lambda r}\right)^2 \cdot \boldsymbol{e}_r r^2 \sin\theta\, \mathrm{d}\theta\, \mathrm{d}\varphi$$

$$= \frac{\pi\eta_0}{3}\left(\frac{Il}{\lambda_0}\right)^2 = 40\pi^2 I^2 \left(\frac{l}{\lambda_0}\right)^2 \qquad (1.3-4)$$

为了衡量天线辐射功率的大小，常以辐射电阻 R_r 表述天线辐射功率的能力，定义为 $R_r = \dfrac{2P_r}{I^2}$，I 是波源电流的幅值。将辐射电阻代入式(1.3-4)后可得

$$R_r = \frac{80\pi^2 I^2 \left(\dfrac{l}{\lambda_0}\right)^2}{I^2} = 80\pi^2 \left(\frac{l}{\lambda_0}\right)^2 \qquad (1.3-5)$$

可见，电流元长度越长，则电磁辐射能力(功率)越强。

1.3.2 天线的主要参数

天线作为辐射和接收电磁波的装置，应具备的基本功能为：

(1) 天线应能将导波能量尽可能多地转变为电磁波能量。这就要求天线是一个良好的电磁开放系统，并且天线与发射机或接收机应相互匹配。

(2) 天线应使电磁波尽可能集中于确定的方向上，或对确定方向的来波最大限度地接收，即天线应具有方向性。

(3) 天线应能发射或接收规定极化的电磁波，即天线应具有适当的极化。

（4）天线应具有足够的工作频带。

根据天线的基本功能，可确定其技术性能。天线的技术性能一般用若干参数来描述，这些参数称为天线的基本参数。

1. 天线的辐射特性参数

一般情况下，天线向外辐射的功率在各个方向上是不均匀的，甚至相差很大。天线的辐射特性主要用方向图（主瓣宽度、副瓣电平、前后比）、方向性系数、效率和增益、极化等来描述。其中，天线方向图以电场强度来描述天线辐射特性，表征天线辐射场强的空间分布情况；天线的方向性系数以功率来描述天线辐射特性，表征不同天线最大辐射的相对大小；天线的效率以辐射电阻来描述天线辐射特性，表征天线有效转换能量的程度；天线的增益以功率来描述天线辐射特性，表征综合衡量天线能量转换和方向特性的结果；天线的极化以辐射电场的空间取向来描述天线辐射特性，表征天线在最大辐射方向上电场的空间取向。

1）天线方向图

任何天线都具有方向性，天线的方向性是天线的重要特性之一。天线的方向性一般采用方向图和方向性系数等参数来描述。

天线的方向性函数是以电场强度来描述天线的辐射特性与空间坐标之间的函数关系的。由于天线的辐射能量具有三维分布，且为球面波，因此，常采用球坐标来描述天线方向性函数。

在相同距离条件下，天线辐射电场与空间方向(θ, ϕ)的函数关系称为天线方向性函数$f(\theta, \phi)$。为了便于比较不同天线的方向特性，常用归一化方向性函数$F(\theta, \phi)$来表述天线的方向性函数。归一化方向性函数为

$$F(\theta, \phi) = \frac{|E(\theta, \phi)|}{|E_{\max}|} = \frac{f(\theta, \phi)}{f(\theta, \phi)|_{\max}} \qquad (1.3-6)$$

式中，$|E(\theta, \phi)|$为指定距离处某方向上电场幅度的值，$|E_{\max}|$为该距离处各个方向上电场幅度的最大值，$f(\theta, \phi)|_{\max}$为方向性函数的最大值。

显然，归一化方向函数的最大值$F(\theta, \phi)|_{\max}=1$。这样，任何天线的辐射场的振幅可用归一化方向性函数表示为

$$|E(\theta, \phi)| = |E_{\max}| F(\theta, \phi) \qquad (1.3-7)$$

根据电偶极子的辐射电场式（1.3-3），可得到电偶极子的归一化方向性函数为$F(\theta, \phi) = |\sin\theta|$。

如果将天线的归一化方向性函数用图形描绘出来，将更能形象地描述天线辐射场强的空间分布。将根据天线方向性函数绘制出来的图形称为天线的方向图，也就是说，天线方向图是用图表示的归一化方向性函数，也就是与天线等距离处天线辐射场大小在空间中的相对分布随方向变化的图形。

天线方向图一般为三维空间的立体图，但为了实际应用，常用平面方向图描述。方向

图的两个最重要的平面方向图是 E 面和 H 面方向图。E 面即为电场强度矢量所在并包含最大辐射方向的平面；H 面即为磁场强度矢量所在并包含最大辐射方向的平面。

为了便于实际应用，天线方向图通常以直角坐标或极坐标绘制。若用直角坐标绘制方向图，则横坐标表示方向角，纵坐标表示辐射幅值。若用极坐标绘制方向图，则角度表示方向，矢径表示场强大小。对于直角坐标方向图，由于横坐标可按任意标尺扩展，故图形清晰。对于极坐标方向图，图形直观性强，但零点或最小值不易分清。这两种方向图各有其优、缺点，在实际使用中应根据便于简化、直观、方便等原则进行选择。

根据电偶极子的方向性函数，可以绘制出其 E 面、H 面和立体方向图，如图 1.3 - 2 所示。

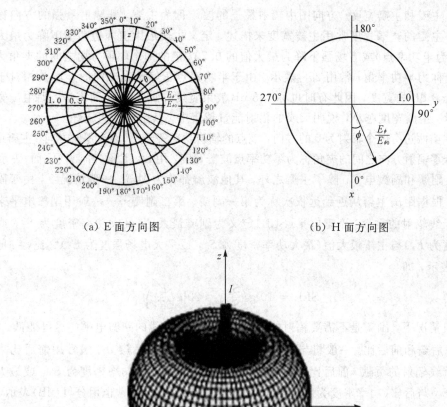

(a) E 面方向图　　　　　　　　　　(b) H 面方向图

(c) 立体方向图

图 1.3 - 2　电偶极子的天线方向图

实际天线的方向图要比电基本振子复杂得多，通常会有多个波瓣出现，主要可细分为主瓣、副瓣和后瓣（或前后比）等。下面以极坐标绘出的一般天线的方向图为例进行介绍，如图 1.3 - 3 所示。

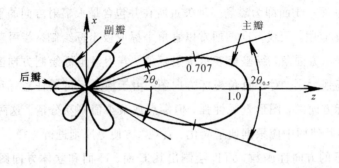

图 1.3 - 3 一般天线的方向图

(1) 主瓣和主瓣宽度。方向图中辐射最强的波瓣称为主瓣。其辐射最强的方向称为主瓣方向。主瓣的宽窄程度常用主瓣宽度来描述。定义主瓣最大值两边功率下降为最大值的一半（称为半功率点）或者场强下降为最大值的 0.707 倍的两个辐射方向之间的夹角为主瓣宽度，或称为半功率角，常用 $2\theta_{0.5}$ 表示。由于半功率点正好是在方向图上增益相对于最高增益下降 3 dB 的宽度，因此有时也称为 3 dB 波束宽度。如果用 H 面表示，则主瓣宽度用 $2\phi_{0.5}$ 表示。主瓣宽度越小，说明天线的辐射能量越集中，其定向性能越好。

在主瓣两边有两个辐射为 0 的方向，该点的辐射功率等于 0，称为零射方向。主瓣最大值两边两个零辐射方向之间的夹角称为零功率点波瓣宽度，用 $2\theta_0$（E 面）和 $2\phi_0$（H 面）表示。

(2) 副瓣和副瓣电平。除了主瓣之外，其他波瓣都称为副瓣。一般情况下，由于副瓣不止一个，根据距离主瓣从近到远依次称为第一副瓣、第二副瓣……一般用副瓣电平来描述副瓣对天线辐射的贡献。副瓣电平（SLL）定义为副瓣最大值（最大功率密度为 S_1，或最大电场强度为 E_1）与主瓣最大值（最大功率密度为 S_0，或最大电场强度为 E_0）之比，一般以分贝（dB）表示，即

$$\text{SLL} = 10\lg\left(\frac{S_1}{S_0}\right) = 20\lg\left(\frac{E_1}{E_0}\right) \qquad (1.3 - 8)$$

一般情况下，副瓣是不需要辐射的区域，因此要求天线的副瓣电平应尽可能低。

(3) 后瓣和前后比。一般将与主瓣相对位置的副瓣称为后瓣。一般常用前后比来描述后瓣对天线辐射的贡献。前后比（FB）定义为主瓣最大值（最大功率密度为 S_0，或最大电场强度为 E_0）与后瓣（功率密度为 S_b，或电场强度为 E_b）之比，通常也用分贝（dB）表示，即

$$\text{FB} = 10\lg\left(\frac{S_0}{S_b}\right) = 20\lg\left(\frac{E_0}{E_b}\right) \qquad (1.3 - 9)$$

前后比也称为前后向抑制比，为了保证主瓣辐射大，一般要求前后比尽量大。

2) 方向性系数

为了比较出不同天线最大辐射的相对大小，不同天线都取无方向性（也称全方向性）天线作为标准进行比较。定义天线在最大辐射方向上远区某点的功率密度 $S_{\max}$ 与辐射功率相同的无方向性天线在同一点的功率密度 S_0 之比为天线的方向性系数 D，即

$$D = \frac{S_{\max}}{S_0}\bigg|_{P_r = P_{r0}} = \frac{E_{\max}^2}{E_0^2}\bigg|_{P_r = P_{r0}} = \frac{4\pi}{\int_0^{2\pi}\int_0^{\pi} F^2(\theta, \phi)\sin\theta \mathrm{d}\theta \mathrm{d}\phi} \qquad (1.3 - 10)$$

式中，P_r、P_{r0} 分别为同一点两天线的辐射功率。

如果已知无方向性天线在某处的电场强度 E_0，则测试天线在该处的最大电场强度 $E_{\max} = \sqrt{D} E_0$。如果已知无方向性天线在某处的发射功率 P_{r0}，则测试天线在该处的最大电场强度 $E_{\max} = \left. \dfrac{\sqrt{60 D P_r}}{r} \right|_{P_r = P_{r0}}$。

由此可见：

（1）在辐射功率相同的情况下，有方向性天线在最大方向上的场强是无方向性天线（$D=1$）场强的 $\sqrt{D}$ 倍。对最大辐射方向而言，这等效于辐射功率增大到 D 倍，意味着天线把向其他方向辐射的部分功率加强到此方向上了。主瓣愈窄，意味着加强得愈多，则方向性系数愈大。

（2）若要求在某点产生相同场强，有方向性天线的辐射功率只需为无方向性天线的 $1/D$ 倍。

（3）方向性系数由场强在全空间的分布情况决定。若方向图给定，则 D 也就确定了，D 可由方向图函数直接算出。

3）效率

为了表征天线有效转换能量的程度，常用天线的辐射效率来描述之。天线辐射效率 η_A 定义为天线辐射功率 P_r 与输入功率 P_{in} 之比，即

$$\eta_r = \frac{P_r}{P_{in}} = \frac{P_r}{P_r + P_L} \tag{1.3-11}$$

式中，P_L 为天线的总损耗功率。通常，天线的损耗功率包括天线导体中的热损耗、介质材料的损耗、天线附近物体的感应损耗等。

如果把天线向外辐射的功率看作被辐射电阻 R_r 所吸收，$R_r = \dfrac{2P_r}{I^2}$，把总损耗功率看作被损耗电阻 R_L 所吸收，$R_L = \dfrac{2P_L}{I^2}$，则可用天线的辐射电阻 R_r 和损耗电阻 R_L 来表示效率，有

$$\eta_r = \frac{P_r}{P_r + P_L} = \frac{R_r}{R_r + R_L} \tag{1.3-12}$$

4）增益

天线的方向性系数 D 描述了天线的方向性，天线的辐射效率描述了天线能量转换程度。为了综合衡量天线能量转换和方向特性，引入了天线的增益这一概念。定义在相同输入功率的条件下，天线最大辐射方向上的辐射功率密度 $S_{\max}$（或场强 $E_{\max}^2$）和理想无方向性天线（理想点源）的辐射功率密度 S_0（或场强 E_0^2）之比为天线增益 G，即

$$G = \left. \frac{S_{\max}}{S_0} \right|_{P_{in} = P_{in0}} = \left. \frac{|E_{\max}|^2}{|E_0|^2} \right|_{P_{in} = P_{in0}} \tag{1.3-13}$$

考虑到效率的定义，在有耗情况下，功率密度为无耗时的 η_A 倍，则式（1.3-13）可改写为

$$G = \left. \frac{S_{\max}}{S_0} \right|_{P_{in} = P_{in0}} = \left. \frac{\eta_A S_{\max}}{S_0} \right|_{P_r = P_{r0}} = D \eta_A \tag{1.3-14}$$

可见，天线增益是方向系数与天线效率的乘积，是天线方向性系数和天线辐射效率的乘积。当天线的方向性系数和辐射效率越高时，增益就越高。增益比较全面地表征了天线的性能。通常用分贝来表示增益，即 $G(\text{dB}) = 10\lg G$。

5）天线的极化

天线的极化是指该天线在给定方向上远区辐射电场的空间取向，一般特指该天线在最大辐射方向上的电场的空间取向，也就是天线在最大辐射方向上电场矢量的方向随时间变化的规律。同电磁波传播的极化一样，天线的极化也分为线极化、圆极化和椭圆极化。线极化又分为水平极化和垂直极化；圆极化又分为左旋圆极化和右旋圆极化；椭圆极化又分为左旋椭圆极化和右旋椭圆极化。

但要注意，天线不能接收与其正交的极化分量。如线极化天线不能接收来波中与其极化方向垂直的线极化波；圆极化天线不能接收来波中与其旋向相反的圆极化分量；对椭圆极化来波而言，其中与接收天线的极化旋向相反的圆极化分量不能被接收。

2. 天线的电路特性参数

1）输入阻抗

天线必须通过馈线与发射机相连接。天线要能从馈线获得最大功率，天线就必须和馈线具有良好的匹配，即天线的输入阻抗与馈线的特性阻抗 Z_0 相等。天线的输入阻抗 Z_{in} 是天线输入端的高频电压 U_{in} 与输入端的高频电流 I_{in} 之比，即

$$Z_{in} = \frac{U_{in}}{I_{in}} = R_{in} + jX_{in} \qquad (1.3-15)$$

式中，R_{in} 为输入电阻，X_{in} 为输入电抗。

天线的输入阻抗对频率的变化往往十分敏感。当天线的工作频率偏离设计频率时，天线与传输线的匹配变差，致使传输线上的电压驻波比增大，天线效率降低。因此在实际应用中还引入了电压驻波比，并且驻波比不能大于某一规定值。

2）驻波比

电波在馈线中传播时，当变换传输线或有接头时，将有反射波出现，这样就在馈线上形成了行驻波。为使天线和馈线匹配良好，反射系数必须越小越好。工程上，常用驻波比（或称为驻波系数）来描述反射波与入射波的合成波的特性。定义合成波的电场振幅的最大值与最小值之比为驻波比 S，即

$$S = \frac{\mid E_1(z) \mid_{max}}{\mid E_1(z) \mid_{min}} = \frac{1 + \mid \Gamma \mid}{1 - \mid \Gamma \mid} \qquad (1.3-16)$$

驻波比 S 的单位为 dB（分贝），其分贝数为 $20\lg S$。因为反射系数的模 $\mid\Gamma\mid$ 不可能大于 1（等于 1 时为全反射），所以驻波比的范围为 $1\sim\infty$。可见驻波比 S 与反射系数 Γ 成比例关系。

因为输入阻抗与反射系数的关系为

$$Z_{in} = Z_0 \frac{1 + \Gamma}{1 - \Gamma} \qquad (1.3-17)$$

则当反射系数 $\Gamma = 0$ 时，驻波比 $S = 1$，$Z_{in} = Z_0$，天线与馈线匹配，传输功率最大。

3. 有效长度与频带宽度

1) 天线的有效长度

有效长度是衡量天线辐射能力的又一个重要指标。天线的有效长度定义为：在保持实际天线最大辐射方向上的场强值不变的条件下，假设天线上电流分布为均匀分布时天线的等效长度。

天线的等效长度是把天线在最大辐射方向上的场强和电流联系起来的一个参数，通常将归于输入电流 I_{in} 的有效长度记为 l_{ein}，把归于波腹电流 I_m 的有效长度记为 l_{em}。

如图 1.3-4 所示，设实际长度为 l 的某天线的电流分布为 $I(z)$，根据式(1.3-3)，考虑到各电偶极子辐射场的叠加，此时该天线在最大辐射方向上产生的电场为

$$E_{max} = \int_0^l \mathrm{d}E = \int_0^l \frac{60\pi}{\lambda r} I(z) \mathrm{d}z = \frac{60\pi}{\lambda r} \int_0^l I(z) \mathrm{d}z \tag{1.3-18}$$

用等效长度表示的该天线在最大辐射方向上产生的电场为

$$E_{max} = \frac{60\pi I_{in} l_{ein}}{\lambda r} \tag{1.3-19}$$

比较式(1.3-18)和式(1.3-19)，可得

$$I_{in} l_{ein} = \int_0^l I(z) \mathrm{d}z \tag{1.3-20}$$

这样，天线辐射场强的一般表达式为

$$|E(\theta, \phi)| = |E_{max}| F(\theta, \phi) = \frac{60\pi I_{in} l_{ein}}{\lambda r} F(\theta, \phi) \tag{1.3-21}$$

可见，天线的有效长度越长，天线的辐射能力就越强。

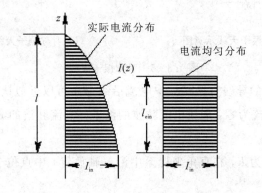

图 1.3-4 天线的等效长度

2) 天线的频带宽度

天线的电参数都与频率有关。当工作频率偏离设计频率时，往往会引起天线参数的变化，如主瓣宽度增大、旁瓣电平增高、增益系数降低、输入阻抗和极化特性变坏等。事实上，天线也并非工作在点频，而是有一定的频率范围。当工作频率变化时，天线的有关电参数变化的程度在所允许的范围内，此时对应的频率范围称为频带宽度，简称天线的带宽。

根据频带宽度的不同，天线可以分为窄频带天线、宽频带天线和超宽频带天线。对于

窄频带天线，常用相对带宽即 $\dfrac{f_{\max}-f_{\min}}{f_0}\times100\%$ 来表示其频带宽度。相对带宽只有百分之几的为窄频带天线；相对带宽达百分之几十的为宽频带天线。对于超宽频带天线，常用绝对带宽即 $f_{\max}/f_{\min}$ 来表示其频带宽度。绝对带宽可达到几个倍频程的称为超宽频带天线。

1.3.3 对称振子天线

对称振子天线是一种应用广泛且结构简单的基本线天线。由于它结构简单，所以被广泛用于无线电通信、雷达等各种无线电设备中，也可作为电视接收机最简单的天线设备。同时，它也可作为复杂天线阵的单元或面天线的馈源。

1. 对称振子天线的辐射场

对称振子天线是由两根粗细和长度都相同的导线构成的，其长度可与波长相比拟。中间为两个馈电端，其电流分布以导线中点对称，如图 1.3-5 所示。

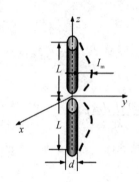

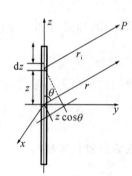

（a）对称振子天线示意图　　　　　　（b）对称振子天线的远区场

图 1.3-5 对称振子天线

由于对称振子天线的导线直径 $d\ll\lambda$，电流沿线分布可以近似认为具有正弦驻波特性。对称天线两端开路，电流为零，形成电流驻波的波节。电流驻波的波腹位置取决于对称天线的长度。

设对称天线的半长为 L，在直角坐标系中沿 z 轴放置，中点位于坐标原点，则电流空间分布函数可以表示为

$$I(z) = I_{\mathrm{m}}\sin k(L - |z|) \tag{1.3-22}$$

式中：I_{m} 为电流的最大值，也是电流的波幅；k 为波数，也是相位常数，$k=\dfrac{2\pi}{\lambda}$；λ 为波长。

由于对称天线的电流分布为正弦驻波，对称天线可以看成是由很多电流振幅不等但相位相同的电偶极子排成一条直线而组成的。这样，利用电偶极子远区场公式即可直接计算得到对称天线的辐射场：

$$E_\theta = \mathrm{j}\,\frac{60 I_{\mathrm{m}}}{r}\mathrm{e}^{-\mathrm{j}kr}F(\theta) \tag{1.3-23}$$

式中,

$$F(\theta) = \frac{\cos(kL\cos\theta) - \cos(kL)}{\sin\theta} \qquad (1.3-24)$$

$F(\theta)$ 为对称天线的 E 面归一化方向性函数,它描述了归一化远区场 $|E_\theta|$ 随角度 θ 变化的情况。

对称振子的辐射场仍为球面波,其极化方式仍为线极化。辐射场的方向性不仅与 θ 有关,也和振子的电长度(相对于工作波长的长度)有关。对称天线的方向性函数与方位角 ϕ 无关,仅为方位角 θ 的函数。

2. 对称振子天线的电参数

图 1.3 - 6 给出了电长度 $2L/\lambda$ 分别为 0.5、1、1.5、2,即 $2L$ 为 0.5λ、λ、1.5λ、2λ 时的对称振子天线的归一化 E 面方向图和相对应的归一化方向性函数。其中 $2L/\lambda = 1/2$ 和 $2L/\lambda = 1$ 的对称振子分别称为半波对称振子和全波对称振子。

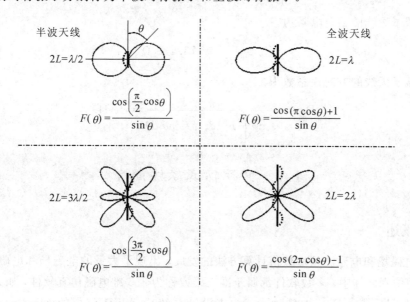

图 1.3 - 6 对称振子天线的方向图

由图 1.3 - 6 中可见:当电长度趋近于 3/2 时,天线的最大辐射方向将发生偏离;当电长度趋近于 2 时,在 $\theta = 90°$ 平面内没有辐射。由于电基本振子在其轴向无辐射,因此对称振子在其轴向也无辐射。由于 $F(\theta)$ 不依赖于 ϕ,所以 H 面的方向图为圆。

对称振子天线的辐射功率为

$$P_r = \oint_S \boldsymbol{S}_{av} \cdot d\boldsymbol{S} = \int_0^{2\pi} \int_0^\pi \frac{|E_\theta|^2}{2\eta_0} r^2 \sin\theta d\theta d\phi$$

$$= 30 I_m^2 \int_0^\pi \frac{[\cos(kl\cos\theta) - \cos kl]^2}{\sin\theta} d\theta \qquad (1.3-25)$$

对称振子天线的辐射电阻为

$$R_r = \frac{30}{\pi} \int_0^{2\pi} \int_0^\pi \left| F(\theta) \right|^2 \sin\theta d\theta d\phi \qquad (1.3-26)$$

由于工程中最常用的是半波对称振子天线,因此这里特别给出半波对称振子天线的电参数。

半波对称振子天线的场分布为

$$\begin{cases} E_\theta = \mathrm{j}\,\dfrac{60 I_\mathrm{m} \cos\left(\dfrac{\pi}{2}\cos\theta\right)}{r\sin\theta}\mathrm{e}^{-\mathrm{j}kr} \\[4mm] H_\phi = \dfrac{E_\theta}{\eta_0} \end{cases} \qquad (1.3-27)$$

半波对称振子天线的归一化方向性函数为

$$F(\theta) = \frac{\cos\left(\dfrac{\pi}{2}\cos\theta\right)}{\sin\theta} \qquad (1.3-28)$$

半波振子天线的辐射功率为

$$P_\mathrm{r} = 30 I_\mathrm{m}^2 \int_0^\pi \left[\frac{\cos\left(\dfrac{\pi}{2}\cos\theta\right)}{\sin\theta}\right]^2 \mathrm{d}\theta = 30 I_\mathrm{m}^2 \times 1.2188 = 36.564 I_\mathrm{m}^2\ \mathrm{W} \qquad (1.3-29)$$

半波振子天线的辐射电阻为

$$R_\mathrm{r} = \frac{2P_\mathrm{r}}{I_\mathrm{m}^2} = 73.128\ \Omega \qquad (1.3-30)$$

半波振子天线的方向性系数为

$$D = \frac{4\pi}{\displaystyle\int_0^{2\pi}\mathrm{d}\phi\int_0^\pi F^2(\theta,\phi)\sin\theta\ \mathrm{d}\theta} = 1.64 \qquad (1.3-31)$$

1.4 常用仿真软件简介

1.4.1 概述

随着电磁场和电磁波领域数值计算方法的发展，出现了大量的电磁场和电磁波仿真软件。在这些仿真软件中，多数软件都属于准三维或称为 2.5 维电磁仿真软件，如 Agilent 公司的 ADS（Advanced Design System，先进设计系统）、AWR 公司的 Microwave Office、Ansoft 公司的 Esemble、Serenade 和 CST 公司的 CST Design Studio 等。

目前，真正意义上的三维电磁场仿真软件只有 Ansoft 公司的 HFSS（High Frequency Structure Simulator，高频结构模拟器），CST 公司的 Mafia、CST MicroWave Studio（微波工作室），Zeland 公司的 Fidelity 和 IMST GmbH 公司的 EMPIRE 等。从理论上讲，这些软件都能仿真任意三维结构的电磁性能。其中，HFSS 是一种最早出现在商业市场的电磁场三维仿真软件，因此这一软件在全世界有比较大的用户群体。由于 HFSS 进入中国市场较早，所以目前国内的电磁场仿真方面 HFSS 的使用者众多，特别是在各大通信技术研究单位、公司、高校，非常普及。

德国 CST 公司的 MicroWave Studio 是最近几年该公司在 Mafia 软件基础上推出的三维高频电磁场仿真软件。它吸收了 Mafia 软件计算速度快的优点，同时又对软件的人机界面和前、后处理做了根本性的改变。就目前发行的版本而言，CST 的 MWS 的前、后处理界面及操作界面比 HFSS 好。Ansoft 也意识到了自己的缺点，在刚刚推出的新版本 HFSS

(定名为 Ansoft HFSS V9.0)中，人机界面及操作都得到了极大的改善，在这方面完全可以和 CST 媲美。在性能方面，两种软件各有所长。在速度和计算的精度方面，CST 和 Ansoft相差不多。

值得注意的是，MWS 采用的理论基础是 FIT(有限积分技术)。与 FDTD(时域有限差分法)类似，它是直接从 MAXWELL 方程导出解。因此，MWS 可以计算时域解，对于诸如滤波器、耦合器等主要关心带内参数的问题设计就非常适合。HFSS 采用的理论基础是有限元法(Finite Element Method，FEM)，这是一种微分方程法，其解是频域的。因此，如果 HFSS 想获得频域的解，则必须通过频域转换到时域。由于 HFSS 使用的是微分方法，所以它在复杂结构的计算上具有一定的优势。

另外，在高频微波波段的电磁场仿真方面也应当提及另一个软件 ANSYS。ANSYS 是一个基于有限元法(FEM)的多功能软件。该软件可以计算工程力学、材料力学、热力学和电磁场等方面的问题。它也可以用于高频电磁场分析(如微波辐射和散射分析、电磁兼容、电磁场干扰仿真等应用)。其功能与 HFSS 和 CST MWS 类似。但由于该软件在建模和网格划分过程中需要对该软件的使用规则有详细的了解，因此，对一般的工程技术人员来说，使用该软件有一定困难；对于高频微波波段通信、天线、器件封装、电磁干扰及光电子设计中涉及的任意形状三维电磁场仿真方面，不如 HFSS 更专业、更理想。实际上，ANSYS软件的优势并不在电磁场仿真方面，而是在结构静力/动力分析、热分析以及流体动力学等方面。但是，就其电磁场部分而言，它也能对任意三维结构的电磁特性进行仿真。

Zeland 公司的 Fidelity 和 IMST GmbH 公司的 EMPIRE 也可以仿真三维结构，但由于这些软件的功能不如前面的软件，所以用户相对较少。

这里给出了几种相关软件的名称和主要性能，如表 1.4 - 1 所示。

表 1.4 - 1 几种常用电磁仿真软件及主要性能

厂商	名　称	主要性能	计算方法
Agilent	ADS	线性/非线性电路仿真；数字电路仿真；信号系统分析、仿真	
	Momentum	2.5D 平面电路高频电磁场仿真	矩量法
Ansoft	HFSS	3D 高频电磁场仿真	有限元法(FEM)
	Designer	线性/非线性电路仿真，2.5D平面电路高频电磁场仿真，信号系统分析、仿真	矩量法
	Ensemble	2.5D 平面电路高频电磁场仿真	矩量法
	Serenade Symphony	信号系统分析、仿真	
	Serenade Harmonica	线性/非线性电路仿真，2.5D平面电路高频电磁场仿真	矩量法
	SPICE Link	高级信号与系统仿真	
	Schematic Capture	驱动系统仿真，提取等效电路	
	Optimatrics	参数分析、优化和灵敏度分析	有限差分法(Finite Difference Method，FDM)

厂商	名　称	主要性能	计算方法
CST	Mafia	低频电场和磁场仿真，3D高频电磁场仿真，系统热力学仿真，带电粒子运动仿真	有限积分法（Finite Integeral Technology，FIT）
	MicroWave Studio	3D高频电磁场仿真	有限积分法（FIT）
	Design Studio	2.5D平面电路高频电磁场仿真	矩量法
AWR	MW Office	线性/非线性电路仿真，2.5D平面电路高频电磁场仿真	矩量法
IMST GmbH	EMPIRE	3D高频电磁场仿真	时域有限差分法（Finite Difference TimeDomain，FDTD）
Zeland	IE3D	2.5D平面电路高频电磁场仿真	
	Fidelity	3D高频电磁场仿真	
Sonnet	EM	2.5D平面电路高频电磁场仿真	
ANSYS	ANSYS	结构静力分析，结构动力分析，线性/非线性屈曲分析，断裂力学分析，高度非线性瞬态动力分析，热分析，流体动力学分析，3D高频电磁场分析	有限元法（FEM）

1.4.2　Ansoft HFSS 软件简介

Ansoft HFSS 软件是适用于射频、无线通信、封装及光电子设计的任意形状三维电磁场仿真的软件，将为射频、无线通信、封装及光电子产品新功能的开发提供崭新高效的研究手段。HFSS 是业界公认的三维电磁场标准仿真软件包，提供了用户界面简洁直观、场求解器精确自适应、电性能分析能力空前的功能强大处理器，能计算任意形状三维无源结构的 S 参数和全波电磁场。

HFSS 充分利用了如自动匹配网格产生及加密、切线向矢量有限元、ALPS（Adaptive Lanczos Pade Sweep）和模式-节点转换（Mode-Node）等先进技术，从而使操作人员可利用有限元法（FEM）在自己的电脑上对任意形状的三维无源结构进行电磁场仿真。HFSS 自动采用多个自适应的解决方案，直到满足用户指定的收敛要求值。其基于 MAXWELL（麦克斯韦）方程的场求解方案能精确预测所有的高频性能，如散射、模式转换、材料和辐射引起的损耗等。

用高效率的计算机虚拟模型的方法来取代费时费力的"cut-and-try"试验方法，可大大缩短设计周期。仿真分析诸如天线、微波转换器、发射设备、波导器件、射频滤波器和任意三维非连续性等复杂问题，已简单化成只需画结构图、定义材料性能、设置端口和边界条件。HFSS 自动产生场求解方案、端口特性和 S 参数。其 S 参数结果可输出到通用的线性和非线性电路仿真器中使用。

Ansoft HFSS 的自适应网格加密技术使 FEM 方法得以实用化。初始网格（将几何子分为四面体单元)的产生是以几何结构形状为基础的,利用初始网格可以快速解算并提供场解信息,以区分出高场强或大梯度的场分布区域;然后只在需要的区域将网格加密细化,其迭代法求解技术可节省计算资源并获得最大精确度;必要时还可方便地使用人工网格化来引导优化加速网格细化匹配的解决方案。

HFSS 采用高阶基函数、对称性和周期边界等方法,节省了计算时间和内存,进一步加大了求解问题的规模并加速了求解的速度。

1. Ansoft HFSS 软件功能

HFSS 软件有强大的绘图功能,它可以与 AutoCAD 完全兼容,完全集成 ACIS 固态建模器。它可以完成以下操作:

(1) 无限地 undo/redo;

(2) 多个物体组合、相减、相交布尔运算;

(3) 动态几何旋转;

(4) 点击物体进行选择/隐藏;

(5) 二维物体沿第三维扫描得到三维物体(如圆柱体);

(6) 进行宏记录/宏文本;

(7) 进行锥螺旋、圆柱和立方体的参数化宏;

(8) 可选的"实表面"几何体;

(9) 在线关联帮助以加快新功能的应用。

Ansoft HFSS 软件拥有先进的材料库,综合的材料数据库包括了常用物质的介电常数、渗透率、电磁损耗正切。用户在仿真中可分析均匀材料、非均匀材料、各向异性材料、导电材料、阻性材料和半导体材料。对不可逆设备,标配的 HFSS 可直接分析具有均匀静磁偏的铁氧体问题,用户还可利用 Ansoft 3DFS 选件完成铁氧体静磁 FEM 的解算仿真。

Ansoft HFSS 软件含有一个庞大的库,用该库可参数化定义以下标准形状:

(1) 微带 T 型结;

(2) 宽边耦合线;

(3) 斜接弯和非斜接弯;

(4) 半圆弯和非对称弯;

(5) 圆螺旋和方螺旋;

(6) 混合 T 接头;

(7) 贴片天线;

(8) 螺旋几何。

Ansoft HFSS 软件还能以周期边界来解决相控阵。通过指定两个或多个边界间的场关系,关联边界条件(Linked Boundary Condition,LBC)使得包含有源等设备的新一类问题也可建模仿真。在对长的、均匀的和周期性的结构建模仿真时,关联边界条件可大大节省计算时间和内存。周期性的 LBC 通过相位关系可确定多个主-从边界。设计师可通过分析相控阵中的一个单元,取有源单元因子和阻抗,从而研究确定阵列盲区、极化性能和栅瓣。

Ansoft HFSS 软件拥有强大的天线设计功能,可以计算下列问题:

(1) 计算天线参量,如增益、方向性、远场方向图剖面、远场 3D 图和 3 dB 带宽。

(2) 绘制极化特性,包括球形场分量、圆极化场分量、Ludwig 第三定义场分量和轴比。

（3）二分之一、四分之一、八分之一对称模型并自动计算远场方向图。

Ansoft HFSS 软件还拥有以下三种频率扫描技术：

（1）宽带快速率扫描。APLS 快速扫频技术可有效进行宽带仿真。APLS 能产生一个在宽频带内的有效的低阶次的模型，并通过计算零极点来完成宽频带求解。APLS 包含端口散射，以精确确定频段内的输入功率和频带外抑制。

（2）超宽带插值扫频。超宽带插值扫频技术可有效进行超宽带仿真。插值扫频能在超宽频带内根据频响变化斜率自动增插点数，从而精确确定频段内的所有频响特性。

（3）离散扫频。离散扫频技术可有效进行离散频点的宽带仿真。其利用当前网格重新求解电磁场，从而精确得到各频率点上的性能参数。

Ansoft HFSS 软件拥有强大的场处理器：

（1）能产生生动逼真的场型动画图，包括矢量图、等高线图、阴影等高线图。

（2）能处理任意表面，包括物体表面、任意剖面、3D 物体表面和 3D 相等面的静态和动态图形。

（3）能处理动态矢量场、标量场或任何用场计算器推导出的量。

动态的表面动画可使图形以旋转和移位的方式步进。新的图（3D 云图）上有一薄薄的彩色像素层，能非常清晰地观察场型特性，而在旋转几何时图形会实时更新。

Ansoft HFSS 软件可以设计最优化的解决方案，支持强大的具有记录和重放功能的宏语言。这使得用户可将其设计过程自动化和完成包括参数化分析、优化、设计研究等的先进仿真。

例如：四螺旋天线广泛应用于包括 GPS 接收机在内的无线通信设计中。其圆极化辐射方向图提供了很宽的半球状覆盖区域，并具有极低的后瓣辐射。该模型在 HFSS 中依据不同的螺旋比和总旋转数目进行了多次仿真，设计师利用先进的宏功能可快速进行多次仿真，以研究关键参数是如何影响带宽、增益和后瓣电平的。

2. Ansoft HFSS 软件的优势

由 Ansoft Designer 和 Ansoft HFSS 构成的 Ansoft 高频解决方案是目前唯一以物理原型为基础的高频设计解决方案，它以 Ansoft 公司居于领先地位的电磁场仿真工具为基础，提供了从系统到电路直至部件级的快速而精确的设计手段，覆盖了高频设计的所有环节。其集成化的设计环境和独有的需求解技术，使设计工程师们在设计的各个阶段都能充分考虑结构的电磁效应对性能的影响，实现对整个设计流程的完全控制，从而进一步提高仿真精度，完成整个高频系统的端对端设计。

HFSS 解决两类问题，即"Driven Solution"和"Eigenmode Solution"，前一个用于一般的需要激励源或者有辐射产生的问题，适用于几乎所有除谐振腔以外的问题；后者为本征问题求解，主要用于分析谐振腔的谐振问题，不需要激励源，也不需要定义端口，更不会产生辐射（封闭结构）。

Ansoft Optimetrics 是一个综合优化包，可用于 HFSS 和 Ensemble，主要用于结构参数的优化，最典型的例如双支节匹配，可优化两个支节的长度及间距，使得反射最小。根据所给定的优化目标，可以进行模型参数的调整，例如介质片移相器，可以以移相器的相移为目标函数，优化介质片的长度，使相移满足需要。

总之，Ansoft HFSS 软件以其强大的设计仿真功能，在设计手机、通信系统、宽带器件、集成电路(IC)、印制电路板等高频微波的方方面面都赢得了设计人员的广泛认可，并且获得了广泛的应用。

1.4.3 ADS 软件和 CST 软件简介

1. ADS 软件

ADS 是 Agilent Technoligyies 公司推出的一套电路自动设计软件。Agilent Technoligyies 公司把已有产品 HP MDS(MicroWave Design System)和 HP EEsof (Electronic Engineering Software)两者的精华有机结合起来，并增加了许多新的功能，构成了功能强大的 ADS 软件。

ADS 软件范围涵盖小至元器件，大到系统级的设计和分析，主要包括 RFIC 设计软件、RF 电路板设计软件、DSP 专业设计软件、通信系统设计软件以及微波电路设计软件。

ADS 软件仿真手段丰富多样，包括时域和频域、数字与模拟、线性与非线性、噪声等多种仿真分析手段，并可对设计结果进行成品率分析与优化，从而大大提高了复杂电路的设计效率，是非常优秀的微波电路、系统信号链路的设计工具。它不但仿真性能优越，而且提供了功能强大的数据处理能力。这对进行复杂、特殊电路的仿真、数据处理及显示提供了可能。该软件切实考虑到工程实际中各种参数对系统的影响，对要求分析手段多样、运算量大的仿真分析，尤其适用。

ADS 软件可应用于整个现代通信系统及其子系统，能对通信系统进行快速、便捷、有效的设计和仿真。这是以往任何自动设计软件都不能胜任的。所以，ADS 软件已被广大电子工程技术人员接受，应用也愈加广泛。

ADS 软件功能非常强大，对整个现代通信系统及其子系统的设计和仿真提供支持。它主要应用于以下几个方面：

(1) 射频和微波电路的设计(包括 RFIC、RF Board)；
(2) DSP 设计；
(3) 通信系统的设计；
(4) 向量仿真。

其中，每个设计本身又包括绘制原理图、系统仿真、布局图、PSPICE 原理图等几方面内容。

2. CST MicroWave Studio 软件

CST MicroWave Studio 是 CST 公司为快速、精确仿真电磁场高频问题而专门开发的 EDA 工具，是基于 PC Windows 环境下的仿真软件。其主要应用领域有移动通信、无线设计、信号完整性和电磁兼容(EMC)等，具体应用包括耦合器、滤波器、平面结构电路、连接器、IC 封装、各种类型天线、微波元器件、蓝牙技术和电磁兼容/干扰等。

MWS 提供三个解算器、四种求解方式，即时域解算器、频域解算器和本征模解算器，以及传输问题的频域解、时域解、模式分析解和谐振问题的本征模解；同时也提供各种有效的 CAD 输入选项和 SPICE 参数的提取。另外，CST MWS 通过调用 CST DESIGN STUDIO 而内含一个巨大的设计环境库，CST DESIGN STUDIO 本身也提供外部仿真器的联结。

CST 软件主要应用于各种天线、连接器、谐振腔、蜂窝电话、同轴连接器、耦合滤波器、共面结构、串扰问题、介质滤波器、双工器、高速数字设备、喇叭天线、IC 封装、互联器、微带滤波器、带状线结构、微波加热、微波等离子源、多芯连接器、毫米波集成电路、多层结构、多路复用器、光学组件、微带天线、平面结构、功分器、偏光器、雷达/雷达截面（RCS）、SAR 计算/解剖设备、传感器、屏蔽问题、开槽天线、芯片系统、时域反射计（TDR）、波导结构、无线设备等等方面。

1.4.4 ANSYS 软件简介

ANSYS 是一款应用广泛的商业套装工程分析软件。该软件主要包括三个部分：前处理模块、分析计算模块和处理模块。前处理模块提供了一个强大的实体建模及网格划分工具，用户可以方便地构造有限元模型；分析计算模块包括结构分析（可进行线性分析、非线性分析和高度非线性分析）、流体动力学分析、电磁场分析、声场分析、压电分析以及多物理场的耦合分析，可模拟多种物理介质的相互作用，具有灵敏度分析及优化分析能力；处理模块可将计算结果以彩色等值线、梯度、矢量、粒子流迹、立体切片、透明及半透明（可看到结构内部）等图形方式显示出来，也可将计算结果以图表、曲线形式显示或输出。该软件提供了 100 种以上的单元类型，用来模拟工程中的各种结构和材料。

在电磁场方面，ANSYS 软件的主要设计方面为：2D、3D 及轴对称静磁场分析及轴对称时变磁场交流磁场分析，静电场、AC 电场分析，电路分析（包括电阻、电容、电感等），电路、磁场耦合分析，电磁兼容分析，高频电磁场分析，计算洛伦磁力和焦耳热/力。它主要应用于螺线管、调节器、发电机、变换器、磁体、加速器、天线辐射、等离子体装置、磁悬浮装置、磁成像系统、电解槽及无损检测装置等。

1.4.5 MATLAB 软件简介

MATLAB 是美国 MathWorks 公司出品的商业数学软件，用于算法开发、数据可视化、数据分析以及数值计算的高级技术计算语言和交互式环境，主要包括 MATLAB 和 Simulink 两大部分。

MATLAB 是 Matrix&Laboratory 两个词的组合，意为矩阵工厂（矩阵实验室），是由美国 MathWorks 公司发布的主要面对科学计算、可视化以及交互式程序设计的高科技计算环境。它将数值分析、矩阵计算、科学数据可视化以及非线性动态系统的建模和仿真等诸多强大功能集成在一个易于使用的视窗环境中，为科学研究、工程设计以及必须进行有效数值计算的众多科学领域提供了一种全面的解决方案，并在很大程度上摆脱了传统非交互式程序设计语言（如 C、FORTRAN 语言）的编辑模式，代表了当今国际科学计算软件的先进水平。

MATLAB 的基本数据单位是矩阵，它的指令表达式与数学、工程中常用的形式十分相似，故用 MATLAB 来解算问题要比用 C、FORTRAN 等语言完成相同的事情简捷得多，并且 MATLAB 也吸收了如 Maple 等软件的优点，成了一个强大的数学软件。此外，

MATLAB 软件在新的版本中也加入了对 C、FORTRAN、C++、JAVA 的支持。它的优势如下：

(1) 高效的数值计算及符号计算功能，能使用户从繁杂的数学运算分析中解脱出来。

(2) 具有完备的图形处理功能，可实现计算结果和编程的可视化。

(3) 友好的用户界面及接近数学表达式的自然化语言，使学习者易于学习和掌握。

(4) 功能丰富的应用工具箱（如信号处理工具箱、通信工具箱等），为用户提供了大量方便实用的处理工具。

MATLAB 是一个高级的矩阵/阵列语言，它具有控制语句、函数、数据结构、输入/输出和面向对象编程等特点。用户可以在命令窗口中将输入语句与执行命令同步，也可以先编写好一个较大的复杂的应用程序（M 文件）后再一起运行。新版本的 MATLAB 语言基于最为流行的 C++ 语言，因此语法特征与 C++ 语言极为相似，而且更加简单，更加符合科技人员对数学表达式的书写格式，因而更利于非计算机专业的科技人员使用。同时，这种语言可移植性好、可拓展性极强，这也是 MATLAB 能够深入到科学研究及工程计算各领域的重要原因。

MATLAB 是一个包含大量计算算法的集合，拥有 600 多个工程中要用到的数学运算函数，可以方便地实现用户所需的各种计算功能。函数中所使用的算法都是科研和工程计算中的最新研究成果，而且经过了各种优化和容错处理。在通常情况下，可以用它来代替底层编程语言，如 C 和 C++。在计算要求相同的情况下，使用 MATLAB 的编程工作量会大大减少。MATLAB 的函数集包括从最简单最基本的函数到诸如矩阵、特征向量、快速傅里叶变换的复杂函数。函数所能解决的问题大致包括矩阵运算和线性方程组的求解、微分方程组及偏微分方程组的求解、符号运算、傅里叶变换和数据的统计分析、工程中的优化问题、稀疏矩阵运算、复数的各种运算、三角函数和其他初等数学运算、多维数组操作以及建模动态仿真等。

MATLAB 自产生之日起就具有方便的数据可视化功能，以将向量和矩阵用图形表现出来，并且可以对图形进行标注和打印，因此可用于科学计算和工程绘图。高层次的作图包括二维和三维的可视化、图像处理、动画和表达式作图。新版本的 MATLAB 对整个图形处理功能作了很大的改进和完善，使它不仅在一般数据可视化软件都具有的功能（例如二维曲线和三维曲面的绘制和处理等）方面更加完善，而且在一些其他软件所没有的功能（例如图形的光照处理、色度处理以及四维数据的表现等）方面，同样表现出了出色的处理能力。同时，对一些特殊的可视化要求，例如图形对话等，MATLAB 也有相应的功能函数，保证了用户不同层次的要求。另外，新版本的 MATLAB 还在图形用户界面（GUI）的制作上有很大的改善，对这方面有特殊要求的用户也可以得到满足。

MATLAB 针对许多专门的领域都开发出了功能强大的模块集和工具箱。一般来说，它们都是由特定领域的专家开发的，用户可以直接使用工具箱学习、应用和评估不同的方法而不需要自己编写代码。诸如数据采集、数据库接口、概率统计、样条拟合、优化算法、偏微分方程求解、神经网络、小波分析、信号处理、图像处理、系统辨识、控制系统设计、LMI 控制、鲁棒控制、模型预测、模糊逻辑、金融分析、地图工具、非线性控制设计、实时快速原型及半物理仿真、嵌入式系统开发、定点仿真、DSP 与通信、电力系统仿真等，都在该工具箱家族中有了自己的一席之地。

新版本的 MATLAB 可以利用 MATLAB 编译器和 C/C++数学库和图形库，将自己的 MATLAB 程序自动转换为独立于 MATLAB 运行的 C 和 C++代码。它允许用户编写可以和 MATLAB 进行交互的 C 或 C++语言程序。另外，MATLAB 网页服务程序还允许在 Web 应用中使用 MATLAB 图形程序。MATLAB 的一个重要特色就是具有一套程序扩展系统和一组称为工具箱的特殊应用子程序。工具箱是 MATLAB 函数的子程序库，每一个工具箱都是为某一类学科专业和应用而定制的，主要包括信号处理、控制系统、神经网络、模糊逻辑、小波分析和系统仿真等方面的应用。

第二章 电磁场与电磁波仿真实验

2.1 梯度、散度和旋度的概念与仿真实验

一、实验目的

(1) 了解和掌握梯度、散度和旋度的概念。
(2) 掌握 MATLAB 软件的基本使用。
(3) 能够仿真展示出标量场的等值线图、矢量场的分布图。
(4) 能够仿真展示出梯度场、散度场和旋度场的分布图。

二、预习要求

(1) 了解标量和矢量的概念。
(2) 了解梯度、散度和旋度的概念、定义、性质。
(3) 掌握 MATLAB 软件的基本使用和绘图指令的用法。

三、实验原理

在"电磁场与电磁波"课程中，几乎所有的公式表述和数学运算中都采用了标量场的梯度和矢量场的散度与旋度，也可以说，标量场的梯度和矢量场的散度与旋度是研究场论的主要数学工具，而场论又是描述电磁场在空间分布和随时间变化规律的基本数学工具之一。

1. 标量场与梯度

标量场的重要宏观特征之一是等值面，即在等值面上标量场处处相等。标量场的等值面是把具有相同数量的点连接起来构成的一个空间曲面，它可直观、形象地描述标量场在空间的分布状况。标量场的等值面定义为 $u(x, y, z) = C$(常数)。

等值面表述了标量场的重要宏观特征，但是它只能描述标量场在空间的分布特征，而不能描述标量场在空间的变化特征。要表示标量场在空间变化的微观特征，即标量场在空间任意一点的邻域内向各个方向变化的微观特征，常采用方向导数和梯度这两个参量。方向导数表示标量场沿某方向的空间距离变化率，它的值不仅与场的起始点有关，而且也与场的方向有关，可见方向导数是一个矢量。标量场 u 的梯度 ∇u 是一个矢量场，表示标量场在空间点 M 处的所有方向导数中最大的方向导数，与标量场的等值线或等值面垂直，且指向标量场数值增大的方向，梯度的模等于标量场在该点的方向导数可能取得的最大值。

在直角坐标系中，梯度的表达式为

$$\nabla u = \text{grad}(u) = \boldsymbol{e}_x \frac{\partial u}{\partial x} + \boldsymbol{e}_y \frac{\partial u}{\partial y} + \boldsymbol{e}_z \frac{\partial u}{\partial z} \tag{2.1-1}$$

这样，只要给定一个标量场(标量函数)，就可以利用 MATLAB 软件绘出这个标量场的等值线分布图，利用计算出的这个标量场的梯度(矢量场)就可以绘出梯度的分布图。

2. 矢量场与散度

矢量场的重要宏观特征之一是矢量线。矢量线上每一点都与该点处的矢量 A 相切，其切线方向代表了该点矢量场的方向。矢量线可直观、形象地描述矢量物理量在空间的分布状况。一般情况下，矢量场中的每一点都有矢量线通过，因此矢量线充满矢量场所在的空间。

在直角坐标系中的矢径 r 可表示为

$$r = e_x x + e_y y + e_z z \qquad (2.1-2)$$

则其微分矢量为

$$dr = e_x dx + e_y dy + e_z dz \qquad (2.1-3)$$

由于矢径 r 的微分矢量 dr 为矢量线的切向方向，矢量场 $A = e_x A_x + e_y A_y + e_z A_z$ 的方向也是矢量线的切线方向，因此在相同的点 M 处，微分矢量 dr 与矢量场 A 必定平行。由平行条件可得矢量线的微分方程为

$$\frac{dx}{A_x} = \frac{dy}{A_y} = \frac{dz}{A_z} \qquad (2.1-4)$$

通过微分方程可以很容易描绘出矢量线。

矢量场的通量 ψ 用于描述矢量场 A 和有向曲面 S 之间的相互矢量作用，表示矢量场 A 穿过有向曲面 S 的总量；它是一个标量，只能定量描述矢量场的大小。

当有向曲面 S 为一闭合曲面时，矢量 A 通过闭合曲面的总通量 ψ 为

$$\psi = \oint_S A \cdot dS = \oint_S A \cdot e_n dS \qquad (2.1-5)$$

矢量 A 的通量 ψ 是一个积分量，只是矢量 A 和有向曲面 S 之间关系的宏观描述，反映了某一空间内场与源之间关系的总特性；它没有反映出场源的分布特性，也就是说它无法从微观上描述场源的特性。为了定量描述矢量场中任意一点的场源特性，就需要建立空间任意点的通量源与矢量场的关系，为此引入了矢量场的散度。

在矢量场 A 中的任意一点 M 处作一个包围该点的任意闭合曲面 S，将该闭合曲面无限收缩，使得包围该点在内的闭合曲面的体积 V 趋于 0，则比值 $\dfrac{\int_S A \cdot dS}{\Delta V}$ 的极限称为矢量场

A 在点 M 处的散度，记作 $\nabla \cdot A = \lim\limits_{\Delta V \to 0} \dfrac{\int_S A \cdot dS}{\Delta V}$。

散度的定义表明，矢量场的散度是一个标量，它是矢量通过包含该点的任意闭合小曲面的通量与曲面元体积之比的极限。它表示从该点单位体积内散发出来的矢量 A 的通量，即通量密度，反映矢量场 A 在该点通量源的强度。如果 $\nabla \cdot A > 0$，说明点 M 有正源；如果 $\nabla \cdot A < 0$，说明点 M 有负源；如果 $\nabla \cdot A = 0$，说明点 M 无源。显然，在无源区域内，矢量场在各点的散度均为零。

在直角坐标系中，散度的表达式为

$$\nabla \cdot A = \frac{\partial A_x}{\partial x} + \frac{\partial A_y}{\partial y} + \frac{\partial A_z}{\partial z} \qquad (2.1-6)$$

这样，只要给定一个矢量场(矢量函数)，就可以利用 MATLAB 软件绘出这个矢量场的矢量线分布图，利用计算出的这个矢量场的散度(标量场)就可以绘出散度的分布图。

3. 矢量场的旋度

矢量场的环量 Γ 用于描述矢量场 $\boldsymbol{A}$ 和有向曲线 l 之间的相互矢量作用，表示矢量场沿有向曲线的环流量(或称为旋涡量)；它是一个标量，描述了矢量场与旋涡源之间的关系。

在矢量场 $\boldsymbol{A}$ 中，有向闭合曲线 $\mathrm{d}l$ 与矢量 $\boldsymbol{A}$ 的点积 $\boldsymbol{A} \cdot \mathrm{d}l$ 的积分称为矢量场 $\boldsymbol{A}$ 沿闭合曲线 C(方向为 $\mathrm{d}l$)的环量 Γ。注意，环量 Γ 是一个标量，它也是描述矢量场宏观重要性质的一个量。根据定义，有

$$\Gamma = \oint_C \boldsymbol{A} \cdot \mathrm{d}l = \oint_C A\cos\theta\mathrm{d}l \qquad (2.1-7)$$

其中，θ 为 $\boldsymbol{A}$ 与 $\mathrm{d}l$ 的夹角，矢量场 $\boldsymbol{A}$ 是闭合曲线上任意点的矢量。

环量不仅与矢量场 $\boldsymbol{A}$ 的分布有关，还与所取闭合曲线 C 的环绕方向有关。

矢量 $\boldsymbol{A}$ 的环量 Γ 是一个积分量，只是矢量 $\boldsymbol{A}$ 和有向闭合路径 C 之间关系的宏观描述，反映了某一空间内矢量场与旋涡源之间关系的总特性，但是它没有反映出场源的分布特性。也就是说，它只能描述闭合路径中有无旋涡源的存在，不能从微观上描述矢量场中某一具体点的性质和分布。为了定量描述矢量场在闭合路径内任意点的性质和分布，就需要建立空间任意点的矢量场与旋涡源的关系，为此引入了矢量场的旋度。

矢量场 $\boldsymbol{A}$ 的旋度是一个矢量，定义为其方向是沿着使环量密度取得最大值的面元的法向方向，大小等于该环量密度最大值，记作 $\nabla \times \boldsymbol{A} = \boldsymbol{e}_n \lim\limits_{\Delta S \to 0} \dfrac{\oint_C \boldsymbol{A} \cdot \mathrm{d}l}{\Delta S}\Big|_{\max}$，其中，$\boldsymbol{e}_n$ 为环流密度取得最大值时面元的正法向单位矢量。

矢量场的旋度是一个矢量，在点 M 处的矢量场 $\boldsymbol{A}$ 的旋度 $\nabla \times \boldsymbol{A}$ 就是在该点的最大旋涡源密度，也是该点处的单位面积的最大环量。矢量场 $\boldsymbol{A}$ 的旋度 $\nabla \times \boldsymbol{A}$ 反映了矢量场 $\boldsymbol{A}$ 在该点旋涡源的强度，如果 $\nabla \times \boldsymbol{A} > 0$，说明该点有正的旋涡源；如果 $\nabla \times \boldsymbol{A} < 0$，说明该点有负的旋涡源；如果 $\nabla \times \boldsymbol{A} = 0$，说明该点无旋涡源。显然，在无旋涡源区域内矢量场在各点的旋度均为零。

在直角坐标系中，旋度的表达式为

$$\nabla \times \boldsymbol{A} = \begin{vmatrix} \boldsymbol{e}_x & \boldsymbol{e}_y & \boldsymbol{e}_z \\ \dfrac{\partial}{\partial x} & \dfrac{\partial}{\partial y} & \dfrac{\partial}{\partial z} \\ A_x & A_y & A_z \end{vmatrix} \qquad (2.1-8)$$

这样，只要给定一个矢量场(矢量函数)，就可以利用 MATLAB 软件绘出这个矢量场的矢量线分布图，利用计算出的这个矢量场的旋度(矢量场)就可以绘出旋度的分布图。

四、实验仪器

计算机：　　　　　1 台

MATLAB 软件：　　1 套

五、实验内容

(1) 任意选取一个函数方程(如 $z = e^{-(x^2+y^2)}$),首先因为函数 z 是一个关于 x、y 的二维标量场,将 z 的函数值作为高度值形成第三维,则利用 MATLAB 软件中的 Meshc 函数可将其可视化,形成三维等值线(或面)图形。然后,根据梯度的计算公式得到该标量函数 z 的梯度,再利用 MATLAB 软件中的 Quiver 函数可得到梯度场的可视化图形。对这两个图形进行分析,可得到等值线、梯度场的特性。

(2) 任意选取一个两维矢量场(如 $\boldsymbol{A} = e^{-r^2}\boldsymbol{r}$, $\boldsymbol{r} = x\boldsymbol{e}_x + y\boldsymbol{e}_y$, $r^2 = x^2 + y^2$)。首先利用 MATLAB 软件中的 Quiver 函数处理,可得到两维矢量场 $\boldsymbol{A}$ 的可视化分布图。然后利用散度计算公式得到矢量场 $\boldsymbol{A}$ 的散度,再利用 Meshc 函数就可以画出这个标量场(散度)。对这两个图形进行分析,可得到矢量线、散度场的特性。

(3) 任意选取一个两维矢量场(如 $\boldsymbol{A} = e^{-r^2}\boldsymbol{\omega} \times \boldsymbol{r}$, $\boldsymbol{r} = x\boldsymbol{e}_x + y\boldsymbol{e}_y$, $r^2 = x^2 + y^2$, $\boldsymbol{\omega} = \boldsymbol{e}_z$)。首先利用 MATLAB 软件中的 Quiver 函数实现矢量场 $\boldsymbol{A}$ 的可视化,然后利用旋度计算公式得到矢量场 $\boldsymbol{A}$ 的旋度,再利用 MATLAB 软件中的有关函数实现矢量场 $\nabla \times \boldsymbol{A}$ 的可视化(旋度)。对这两个图形进行分析,可得到矢量线、旋度场的特性。

六、注意事项

(1) 确保采用的 MATLAB 函数等使用正确。
(2) 确保 MATLAB 程序语法使用正确无误。

七、报告要求

(1) 按照标准实验报告的格式和内容完成实验报告。
(2) 完成数据整理、计算和绘图工作。
(3) 对仿真实验中的各种现象进行分析和讨论。
(4) 写出本项实验的心得与收获。

2.2　静电场电位与电场强度分布实验

一、实验目的

(1) 了解和掌握静电场的电位、电场强度、等势面和电场线的概念。
(2) 掌握 MATLAB 软件的基本使用。
(3) 能够仿真展示出真空中两个点电荷系统的电场线分布和等位线。
(4) 能够仿真展示出真空中两个点电荷系统的电位与电场强度分布图。

二、预习要求

(1) 了解点电荷的概念。
(2) 了解电位与电场强度的概念。
(3) 掌握 MATLAB 软件的基本使用和绘图指令的用法。

三、实验原理

静电场是存在于静电荷周围空间的一种非实体粒子组成的特殊物质；它是一个矢量场，只是空间的物理函数，不随时间变化。一切电的现象都起源于电荷的存在或电荷的运动。电荷是电场的源，电荷的总量及空间分布是决定电场分布的本质因素。点电荷 q 是电磁场与电磁波理论中常用的描述电荷分布的一种理想模型，是一种电荷分布的极限，即电荷的密度很大，而其占据的体积趋于 0 的情况。

1. 静电场电位

静电场是一个无旋场，即电场强度的旋度等于 0，这也是静电场的基本方程之一，即 $\nabla \times E = 0$。

根据矢量恒等式 $\nabla \times \nabla u \equiv 0$，可将上式变为 $E = -\nabla \varphi$。也就是说，电场强度可用一标量函数 φ 的负梯度表示，称这一标量函数 φ 为电位函数，简称电位。式中的负号是物理概念的需要，表示沿着电场的方向，电位降低。

同电场强度一样，电位 φ 的源也是电荷，它与电荷一定也有关系。

点电荷的电场强度为

$$E(r) = \frac{q}{4\pi\varepsilon} \frac{r - r'}{|r - r'|^3} \qquad (2.2-1)$$

式中，r' 为电荷源点所在的位置矢量，r 为电场的位置矢量。

因为

$$\nabla \left(\frac{1}{|r - r'|} \right) = - \frac{r - r'}{|r - r'|^3} \qquad (2.2-2)$$

所以

$$E(r) = -\frac{q}{4\pi\varepsilon} \nabla \left(\frac{1}{|r - r'|} \right) \qquad (2.2-3)$$

得到

$$\varphi(r) = \frac{q}{4\pi\varepsilon} \frac{1}{|r - r'|} + C \qquad (2.2-4)$$

电位是一个标量函数。同所有标量函数一样，电位也可以用等位面或等位线来形象描述空间分布。电场线垂直于等位面，并指向电位下降最快的方向。

2. 电场强度

一般用电场强度 E 这一物理量来描述电场。定义电场强度为：作用于试探电荷 q_0 上的电场力 F 与该试探电荷的比值。事实上，试探电荷 q_0 自身也会产生电场，并改变原始电场。为使试探电荷自身电场对原始电场的影响最小，电场强度就应该是当试探电荷 $q_0 \rightarrow 0$ 时，作用于该试探电荷上的电场力，即

$$E = \lim_{q_0 \to 0} \frac{F}{q_0} \qquad (2.2-5)$$

假设产生电场的源电荷为 q，它所在的位置矢量为 r'，在空间任意一点 P 处放一试探电荷 q_0，其位置矢量为 r，q_0 受到的作用力为

$$F = \frac{qq_0}{4\pi\varepsilon_0} \frac{r - r'}{|r - r'|^3} \qquad (2.2-6)$$

则空间场点 P 处的电场强度 $\boldsymbol{E}(\boldsymbol{r})$ 为

$$\boldsymbol{E}(\boldsymbol{r}) = \frac{\boldsymbol{F}}{q_0} = \frac{q}{4\pi\varepsilon_0} \frac{\boldsymbol{r}-\boldsymbol{r}'}{|\boldsymbol{r}-\boldsymbol{r}'|^3} \tag{2.2-7}$$

可见，场点的电场强度只与源点的点电荷和场点的位置有关，它的大小等于单位正电荷在场点所受电场力的大小，其方向与该电场力的方向相同。

电场具有叠加性质。分别位于 $r'_i(i=1,2,3,\cdots,N)$ 处的 N 个点电荷 q_i 在场点 r 处产生的总电场强度，等于其他各点电荷 q_i 在场点 r 处单独产生电场强度的矢量和，表示为

$$\boldsymbol{E}(\boldsymbol{r}) = \frac{1}{4\pi\varepsilon_0} \sum_{i=1}^{N} \frac{q_i}{|\boldsymbol{r}-\boldsymbol{r}'_i|^3}(\boldsymbol{r}-\boldsymbol{r}'_i) \tag{2.2-8}$$

四、实验仪器

计算机：　　　　　1 台
MATLAB 软件：　　1 套

五、实验内容

两个同号点电荷带电量分别为 Q_1 和 Q_2，相距为 $2a$，画出二维电场线和等势线。如图 2.2-1 所示，等量同号点电荷在场点 $P(x,y)$ 处产生的电势为

$$U = \frac{kQ_1}{r_1} + \frac{kQ_2}{r_2} \tag{2.2-9}$$

其中，$r_1 = \sqrt{(x+a)^2 + y^2}$，$r_2 = \sqrt{(x-a)^2 + y^2}$。

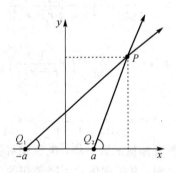

图 2.2-1　二维电场线

电场强度可根据电势梯度计算

$$\boldsymbol{E} = -\nabla U \tag{2.2-10}$$

其中，哈密顿算子为

$$\nabla = \frac{\partial}{\partial x}\boldsymbol{i} + \frac{\partial}{\partial y}\boldsymbol{j} + \frac{\partial}{\partial z}\boldsymbol{k} \tag{2.2-11}$$

在 xy 平面上，场强只有两个分量：

$$E_x = -\frac{\partial U}{\partial x}, \ E_y = -\frac{\partial U}{\partial x}$$

MATLAB 软件有计算梯度的指令，可直接计算梯度。

为了便于数值计算，电势可化为

$$U = U_0 \left[\frac{1}{\sqrt{(x^*+1)^2 + y^{*2}}} + \frac{q^*}{\sqrt{(x^*-1)^2 + y^{*2}}} \right] \qquad (2.2-12)$$

其中，$x^* = \dfrac{x}{a}$，$y^* = \dfrac{y}{a}$，$U_0 = \dfrac{kQ_1}{a}$，$q^* = \dfrac{Q_2}{Q_1}$。U_0 是 Q_1 在原点产生的电势，q^* 是电荷比。

场强可表示为

$$E_x = -\frac{\partial U}{\partial x} = -\frac{U_0}{a} \frac{\partial U^*}{\partial \left(\dfrac{x}{a}\right)} \qquad (2.2-13)$$

即

$$E_x = -E_0 \frac{\partial U^*}{\partial x^*} \qquad (2.2-14)$$

其中，$E_0 = \dfrac{U_0}{a}$，$U^* = \dfrac{U}{U_0}$。

同理可得

$$E_y = -E_0 \frac{\partial U^*}{\partial y^*} \qquad (2.2-15)$$

电场强度也可以通过电位计算得到，电场线可根据电场强度绘制。电场线从正电荷发出，当电场线的起点离电荷很近时，可认为起点绕电荷是均匀分布的。

六、注意事项

(1) 确保采用的 MATLAB 函数等使用正确。
(2) 确保 MATLAB 程序语法使用正确无误。

七、报告要求

(1) 按照标准实验报告的格式和内容完成实验报告。
(2) 完成数据整理、计算和绘图工作。
(3) 对仿真实验中的各种现象进行分析和讨论。
(4) 写出本项实验的心得与收获。

2.3 带电圆环的电场三维空间分布图仿真实验

一、实验目的

(1) 了解和掌握带电圆环的电场在三维空间的分布。
(2) 利用 MATLAB 软件，用数值方法计算电场分布。
(3) 能够仿真展示出电势、电场强度、等势线的空间分布图。
(4) 能够仿真展示出电场强度的矢量分布图。

二、预习要求

（1）了解静电场的概念、定义、性质。

（2）掌握 MATLAB 软件的基本使用和绘图指令的用法。

三、实验原理

场是自然界最基本的物质形态之一，它不同于实物粒子的一个重要特征是它弥漫在整个空间，描述场的物理量是空间的分布。静电场、静磁场是电磁场与电磁波课程中最基本的两种静态场。利用微分形式可以将除点电荷之外的其他形状的带电体分成众多微分点的电荷来计算，然后利用叠加原理就可得到所求点处的电场或磁场分布。在教学中直观和形象地给出场量的二维或三维空间分布是十分必要的。

如图 2.3-1 所示，取半径为 R、均匀带电的细圆环，建立直角坐标系。A 点到圆环的距离为 L，到坐标原点的距离为 r，与 x 轴的夹角为 θ。把圆环分为 N 段，每段长为 Δi，设线电荷密度为 λ。为求均匀带电圆环的空间电势和电场的分布，只需把圆环的每一段所产生的电势和电场进行积分或叠加即可。圆环的第 i 段在空间 A 点的电势为

$$\Delta U_i = \frac{\lambda \Delta l}{4\pi\varepsilon_0 L} \tag{2.3-1}$$

其中，L 为场点到该段的距离。

$$L = \sqrt{(x - R\cos\theta)^2 + y^2 + (z - R\sin\theta)^2} \tag{2.3-2}$$

整个带电圆环在该点的电势为

$$U = \sum_i \Delta U_i \tag{2.3-3}$$

根据电场与电位的关系，可直接求得电场分布为

$$E = -\operatorname{grad}(U)$$
$$= -\left(\frac{\partial U}{\partial x}\boldsymbol{i} + \frac{\partial U}{\partial x}\boldsymbol{j} + \frac{\partial U}{\partial z}\boldsymbol{k}\right) \tag{2.3-4}$$

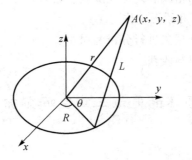

图 2.3-1　电荷密度分布图

四、实验仪器

计算机：　　　　　1 台

MATLAB 软件：　　1 套

五、实验内容

任意选取一个带电圆环，首先因为函数 z 是一个 x,y 的二维标量场，将 z 的函数值作为高度值形成第三维，直接调用 MATLAB 软件中的 gradient 库函数，就可得到空间电场的分布。为了提高精度，可在空间多取一些观察点，就可形成电场的三维等值线（或面）图形。

六、注意事项

（1）确保采用的 MATLAB 函数等使用正确。
（2）确保 MATLAB 程序语法使用正确无误。

七、报告要求

（1）按照标准实验报告的格式和内容完成实验报告。
（2）完成数据整理、计算和绘图工作。
（3）对仿真实验中的各种现象进行分析和讨论。
（4）写出本项实验的心得与收获。

2.4　电偶极子电场和等势线分布实验

一、实验目的

（1）了解和掌握电偶极子、电势、等势线的概念。
（2）掌握 MATLAB 软件的基本使用。
（3）能够仿真展示出电偶极子电场线和等势线的分布图。

二、预习要求

（1）了解电偶极子和等势线的概念、性质。
（2）掌握 MATLAB 软件的基本使用和绘图指令的用法。

三、实验原理

电偶极子的电场强度和电势特性是电磁场理论的重要知识点，对电偶极子产生的电场和等势线分布的研究具有重要的应用价值。

1. 电偶极子

电偶极子是两个相距很近的等量异号点电荷组成的系统，电偶极子的概念用来解释放入电场中的绝缘体所表现出来的性质是十分有用的。与电偶极子相关联的一个矢量是电偶极矩。如果 q 为一个电偶极子里每个电荷的带电量，d 为从负电荷到正电荷的距离矢量，则电偶极矩为 $P = qd$。

2. 静电场的电场强度、电势和等势线

对于静止的点电荷 q 的电场来说，其电场强度公式为

$$\boldsymbol{E} = \frac{q}{4\pi\varepsilon_0 r^2}\boldsymbol{e}_r = \frac{q}{4\pi\varepsilon_0 r^3}\boldsymbol{r} \qquad (2.4-1)$$

其中，q 为点电荷的电荷量；ε_0 为常量，约等于 8.85×10^{-12}；r 为点到电荷的距离。

在静电场中，存在着一个由电场中各点的位置所决定的标量函数，此函数在 P_1 和 P_2 两点间的数值之差等于从 P_1 点到 P_2 点电场强度沿任意路径的线积分，也就是等于从 P_1 点到 P_2 点移动单位正电荷时静电场力所做的功。这个函数叫电场的电势（或势函数）。

以 P_0 表示零电势点，则可知静电场中任意一点 P 的电势为

$$\varphi = \int_P^{P_0} \boldsymbol{E}\,\mathrm{d}\boldsymbol{r} \qquad (2.4-2)$$

常用等势面来表示电场中电势的分布，在电场中电势相等的点所组成的曲面叫等势面。

3. 电势叠加原理

设场源电荷系由若干个带电体组成的，它们各自分别产生的电场为 E_1、E_2，则它们在 P 点产生的电势为

$$
\begin{aligned}
\varphi &= \int_P^{P_0} \boldsymbol{E}\,\mathrm{d}\boldsymbol{r} = \int_P^{P_0} (\boldsymbol{E}_1 + \boldsymbol{E}_2 + \cdots)\,\mathrm{d}\boldsymbol{r} \\
&= \int_P^{P_0} \boldsymbol{E}_1\,\mathrm{d}\boldsymbol{r} + \int_P^{P_0} \boldsymbol{E}_2\,\mathrm{d}\boldsymbol{r} + \cdots \\
&= \sum \varphi_i
\end{aligned}
\qquad (2.4-3)
$$

所以由式（2.4-3）可得：一个电荷系的电场中任意一点的电势等于每一个带电体单独存在时在该点所产生的电势的代数和。

4. 电偶极子电势分布

设场点 P 与 $+q$ 和 $-q$ 的距离分别为 R_2 和 R_1，P 与电偶极子中点 O 的距离为 R。

所以根据电势叠加原理，P 点的电势为

$$\varphi = \varphi_+ + \varphi_- = \frac{q}{4\pi\varepsilon_0 R_2} + \frac{-q}{4\pi\varepsilon_0 R_1} = \frac{q(R_1 - R_2)}{4\pi\varepsilon_0 R_1 R_2} \qquad (2.4-4)$$

对于离电偶极子比较远的点，即 $R \gg L$ 时，应有

$$\begin{cases} R_1 R_2 \approx R^2 \\ R_1 - R_2 \approx L\cos\theta \end{cases} \qquad (2.4-5)$$

综合式（2.4-4）和式（2.4-5），有

$$\varphi = \frac{qL\cos\theta}{4\pi\varepsilon_0 R^2} = \frac{|\,p\,|\cos\theta}{4\pi\varepsilon_0 R^2} = \frac{\boldsymbol{p}\boldsymbol{R}}{4\pi\varepsilon_0 R^3} \qquad (2.4-6)$$

四、实验仪器

计算机：   1 台

MATLAB 软件：   1 套

五、实验内容

（1）模拟电偶极子产生的电场中的电势分布。

首先利用 MATLAB 软件中的 input 函数输入电偶极子中的两个点电荷的坐标，以及

点电荷的电荷量，例如输入其中一个点电荷的横坐标"al＝input('Please enter x-coordinate of point 1: ');"。接下来定义研究的坐标系范围，如"x＝－3:0.1:3;"，它表示研究的横坐标范围为[－3, 3]，步长为0.1。

为了更加直观地反映电势的分布，可以利用 MATLAB 软件中的 meshgrid 函数生成网格采样点，如"[x, y]＝meshgrid(x,y);"。

由静电场中任意一点 P 的电势 $\varphi = \int_{P}^{P_0} E\,dr$ 可知，为了计算电场中任意一点 P 的电势，还需知道 P 点到电偶极子两个点电荷的距离，由两点之间的距离公式可知 $R = \sqrt{(x-x_1)^2+(y-y_1)^2}$。最后结合以上数据的整理和计算，利用 MATLAB 软件中的 mesh 函数，可以画出模拟电偶极子产生的电场中的电势分布的网格曲面。

（2）计算电偶极子产生的电场场强以及模拟电场线分布。

首先在任务（1）的基础上，利用 MATLAB 软件中的 contour 函数画出在定义研究的坐标系范围内的等势线，接下来利用 MATLAB 软件中的 gradient 函数并结合电场强度与电势的关系计算场强，如"[Ex,Ey]＝gradient(φ);"。

P 点处 E 的模值为 $|E_P| = \sqrt{(E_x)^2+(E_y)^2}$，则 P 点处 E 的单位矢量为

$$e_x = \frac{E_x}{|E_P|}$$

$$e_y = \frac{E_y}{|E_P|}$$

接下来，通过 MATLAB 软件中的 hold on 语句，结合 MATLAB 软件中的 cstreamslice 函数，在已有的等势线基础上画出电偶极子产生的电场中电场线的示意图。

六、注意事项

（1）确保采用的 MATLAB 函数等使用正确。

（2）确保 MATLAB 程序语法使用正确无误。

七、报告要求

（1）按照标准实验报告的格式和内容完成实验报告。

（2）完成数据整理、计算和绘图工作。

（3）对仿真实验中的各种现象进行分析和讨论。

（4）写出本项实验的心得与收获。

2.5　有限长螺线管内外部的电磁场强度分布实验

一、实验目的

（1）了解和掌握毕奥-萨伐尔定律和安培环路定理。

（2）利用 MATLAB 软件进行积分计算。

（3）能够仿真展示出轴向剖面外部电磁场分布曲线。

（4）能够仿真展示出径向剖面外部电磁场分布曲线。

二、预习要求

（1）了解有限长螺线管内部电磁场强度分布情况。
（2）会分析圆环电流在空间任一点的磁场分布。
（3）掌握 MATLAB 软件的基本使用和绘图指令的用法。

三、实验原理

通电螺线管的磁感应强度是电磁学的重要内容之一，有限长通电直螺线管内部电磁场强度分布均匀，其外部电磁场分布规律对很多实际应用有着至关重要的影响。

把有限长螺线管等效为有限个圆环电流进行叠加，先对单个载流圆环进行推导分析，利用叠加原理对有限长螺线管的磁场分布情况进行分析，根据毕奥-萨伐尔定律推导出磁场分布的积分表达式，再利用 MATLAB 软件进行积分运算，并绘制出磁场分布三维曲线。

1. 圆环电流在空间任一点的磁场分布

如图 2.5-1 所示，根据毕奥-萨伐尔定律，半径为 a 的圆环载有电流 I，圆点为圆心 O，z 轴为中轴线。由圆环电流的电流分布对称性可知，此圆环电流 I 在圆环周围各点的磁场大小相同，与方位角 ϕ' 无关。因此，P 点的坐标取为 (r, θ, ϕ') 的结果具有普遍性。

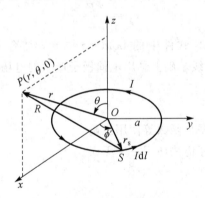

图 2.5-1 单个载流圆环

S 点：
$$\boldsymbol{r}_s = a\cos\phi'\boldsymbol{e}_x + a\sin\phi'\boldsymbol{e}_y \qquad (2.5-1)$$

R 点：
$$\boldsymbol{r} = r\sin\theta\boldsymbol{e}_x + r\cos\theta\boldsymbol{e}_z \qquad (2.5-2)$$

$$
\begin{aligned}
\boldsymbol{R} = \boldsymbol{r} - \boldsymbol{r}_s &= (r\sin\theta\boldsymbol{e}_x + r\cos\theta\boldsymbol{e}_z) - (a\cos\phi'\boldsymbol{e}_x + a\sin\phi'\boldsymbol{e}_y) \\
&= (r\sin\theta - a\cos\phi')\boldsymbol{e}_x - r\cos\theta\boldsymbol{e}_z - a\sin\phi'\boldsymbol{e}_y
\end{aligned}
\qquad (2.5-3)
$$

$$R^2 = a^2 + r^2 - 2ar\sin\theta\cos\phi' \qquad (2.5-4)$$

圆环上的电流元为
$$I\mathrm{d}\boldsymbol{l} = -Ia\sin\phi'\mathrm{d}\phi'\boldsymbol{e}_x + Ia\cos\phi'\mathrm{d}\phi'\boldsymbol{e}_y \qquad (2.5-5)$$

根据毕奥-萨伐尔定律，圆环电流 I 在 P 点产生的电磁感应强度为
$$\mathrm{d}\boldsymbol{B} = \frac{\mu_0}{4\pi}\oint\frac{I\mathrm{d}\boldsymbol{l} \times R}{R^3} \qquad (2.5-6)$$

由式(2.5-6)可得

$$d\boldsymbol{B} = \frac{\mu_0 Ia}{4\pi} \int_0^{2\pi} \left[r\cos\theta\cos\phi' \boldsymbol{e}_x + r\cos\theta\sin\phi' \boldsymbol{e}_y + (a - r\sin\theta\cos\phi') \boldsymbol{e}_z \right] d\phi'$$
$$\times (a^2 + r^2 - 2ar\sin\theta\cos\phi')^{-\frac{3}{2}}$$

$$(2.5-7)$$

2. 有限个圆环电流的磁场分布

如图 2.5-2 所示,对于多个圆环叠加,是在圆环电流中任取一小段宽度为 dz、电流为 $nldz$ 的圆环组元进行研究。

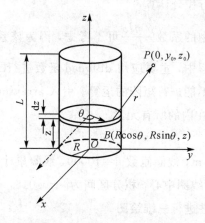

图 2.5-2　多个载流圆环叠加

令 $I' = nldZ$,则根据毕奥-萨伐尔定律,圆环组元的电流元为 $I'd\boldsymbol{l}$,在 P 点产生的磁感应强度为

$$d\boldsymbol{B} = \frac{u_0}{4\pi} \cdot \frac{I'd\boldsymbol{l} \times \boldsymbol{r}}{|\boldsymbol{r}|^3} = \frac{nu_0 I}{4\pi} \cdot \frac{d\boldsymbol{l} \times \boldsymbol{r}}{|\boldsymbol{r}|^3} \cdot dz \qquad (2.5-8)$$

其中 $r = \sqrt{(R\cos\theta)^2 + (y_0 - R\sin\theta)^2 + (z_0 - z)^2}$。

利用矢量乘法运算,可以分别得到 $d\boldsymbol{B}$ 的三个分量:

$$dB_x = \frac{nu_0 I}{4\pi} \cdot \frac{R\cos\theta(z_0 - z)}{r^3} dz d\theta \qquad (2.5-9)$$

$$dB_y = \frac{nu_0 I}{4\pi} \cdot \frac{R\sin\theta(z_0 - z)}{r^3} dz d\theta \qquad (2.5-10)$$

$$dB_z = \frac{nu_0 I}{4\pi} \cdot \frac{R(R - y_0\sin\theta)}{r^3} dz d\theta \qquad (2.5-11)$$

对式(2.5-9)、式(2.5-10)、式(2.5-11)分别作二重积分,即可得到螺线管在 P 点处的磁感应强度的三个分量:

$$B_x = \frac{nu_0 I}{4\pi} \int_0^{2\pi} \left[\int_0^L \frac{R\cos\theta(z_0 - z)}{r^3} dz \right] d\theta \qquad (2.5-12)$$

$$B_y = \frac{nu_0 I}{4\pi} \int_0^{2\pi} \left[\int_0^L \frac{R\sin\theta(z_0 - z)}{r^3} dz \right] d\theta \qquad (2.5-13)$$

$$B_z = \frac{nu_0 I}{4\pi} \int_0^{2\pi} \left[\int_0^L \frac{R - y_0 \sin\theta}{r^3} \mathrm{d}z \right] \mathrm{d}\theta \qquad (2.5-14)$$

四、实验仪器

计算机：　　　　　1 台

MATLAB 软件：　　1 套

五、实验内容

(1) 利用 MATLAB 进行积分计算。

在计算积分时，对各式中的系数 $\frac{\mu_0 n I a}{4\pi}$ 可不考虑，因为该系数并不会影响磁场的分布特征。在进行积分运算的过程中，主要应用 dBlquad 函数进行二重积分，它可以直接求解二重定积分的数值解，但是不能进行矩阵的运算。引入 arrayfun 函数，它可以实现将任意函数应用到数组内包括结构在内的所有元素。

仿真条件如下：

① 螺线管半径 $a = 0.01$ m，线圈匝数 $n = 10000$，线圈累计长度 $l = 0.03$ m。

② 将坐标轴置于耦合器线圈中心，积分区间为 $[-0.015, +0.015]$。

(2) 利用 MATLAB 软件进行三维绘图。

① 轴向剖面外部电磁场分布曲线。

利用 scatter(x, y, z) 函数绘制出散点图，利用 contourf(x, y, z) 函数绘制等高线图，利用 scatter(x, y, z) 函数绘制三维曲面。

② 径向剖面外部电磁场分布曲线。

进行曲面旋转，得出三维图。

绘制出典型的几个剖面图并进行分析，即 z_P 分别为 0、0.01、0.015、0.03 的径向剖面的螺线管外部电磁场分布。

六、注意事项

(1) 确保采用的 MATLAB 函数等使用正确。

(2) 确保 MATLAB 程序语法使用正确无误。

七、报告要求

(1) 按照标准实验报告的格式和内容完成实验报告。

(2) 完成数据整理、计算和绘图工作。

(3) 对仿真实验中的各种现象进行分析和讨论。

(4) 写出本项实验的心得与收获。

2.6 同轴线的电磁场分布实验

一、实验目的

（1）了解和掌握电磁场、同轴线等相关基础知识。
（2）掌握 MATLAB 软件的基本使用方法。
（3）能够仿真展示出同轴线的电磁场分布图。

二、预习要求

（1）了解电磁场、同轴线的基本概念、定义、性质。
（2）了解稳恒电流通过同轴线时电磁场的计算方法。
（3）掌握 MATLAB 软件的基本使用和绘图指令的用法。

三、实验原理

在分析同轴线的磁场分布时，以传输稳恒电流的同轴线作为一个非常典型的例子来分析稳恒电磁场能量的传输过程非常有益，而且可以给出定量结果。

1. 同轴线

同轴线（图 2.6-1）是一种屏蔽且非色散的结构，而且同轴线中导波的主模是 TEM 模，但同时也可传输 TE 模和 TM 模，其截止频率为零，对应截止波长趋向于无穷大；是由同轴的两根内、外导体及中间的电介质构成的双导体传输线。一般同轴线外导体接地，电磁场被限定在内、外导体之间，所以同轴线基本没有辐射损耗，几乎不受外界信号的干扰。其工作频带比双线传输线宽，可以用于大于厘米波的波段。

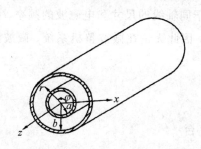

图 2.6-1 同轴线

同轴线的结构由外到内依次为护套、外导体、绝缘介质和内导体，各部分的主要作用为：

（1）护套：最外面的一层绝缘层，起保护作用。

（2）外导体：作为屏蔽层有双重作用，既可以通过传输回路来传导低电平，又具有屏蔽作用。外导体通常有 3 种结构。

① 金属管状。这种结构采用铜或铝带纵包焊接，或者是无缝铜管挤包拉延而成。这种结构形式的屏蔽性能最好，但柔韧性差，常用于干线电缆。

② 铝塑料复合带纵包搭接。这种结构有较好的屏蔽作用，且制造成本低，但由于外导体是带纵缝的圆管，电磁波会从缝隙处穿出而泄漏。

③ 编织网与铝塑复合带纵包组合。这种结构是从单一编织网结构发展而来的，具有柔韧性好、重量轻和接头可靠等特点；采用合理的复合结构，对屏蔽性能有很大的提高。目前这种结构形式被大量使用。

（3）绝缘介质：为 PE 材质，主要是提高抗干扰性能，防止水、氧侵蚀。

（4）内导体：铜是内导体的主要材料，可以是退火铜线、退火铜管、铜包铝线。通常小电缆内导体是铜线或铜包铝线，而大电缆用铜管，以减少电缆重量和成本。对大电缆外导体进行扎纹，这样可以获得足够好的弯曲性能。

同轴线结构上属于双导体传输线，在其横截面上能够建立类似静态场的电磁场分布；同轴线的特点之一就是可从直流段一直应用到毫米波波段。

同轴线主要以 TEM 模的方式广泛应用于宽频带馈线和元器件的设计中。当传输信号的波长远大于传输线长度时，在传输线上各点的电流（或电压）的大小和相位可近似相同，此时无需考虑分布参数效应。但是当传输信号的波长与传输线长度可相互比拟时，传输线上各点的电流（或电压）的大小和相位各不相同，显现出分布参数效应，此时传输线就必须作为分布参数电路处理；这意味着同轴线中将出现 TE 模和 TM 模，即同轴线的高次模。

2. 线中的电磁场分布

同轴电缆线是指用来传递信息的一对导体是按照一层圆筒式的外导体套在内导体（一根细芯）外面，两个导体间用绝缘材料互相隔离的结构制造的，外层导体的中心轴心的圆心在同一个轴心上。

同轴线导波装置是双导体结构，传输电磁波的主要模式是 TEM 模。从场的观点看，同轴线的边界条件既支持 TEM 模传输，也支持 TE 模或 TM 模传输，究竟哪些传输模式能在同轴线中传输，则取决于同轴线的尺寸和电磁波的频率。同轴线的特点之一是可以从直流一直工作到毫米波波段，因此无论在微波整机系统、微波测量系统或微波元件中，同轴线都得到了广泛的应用。

四、实验仪器

计算机：　　　　　　1 台

MATLAB 软件：　　　1 套

五、实验内容

假设有一半径为 r_a 的长圆柱形导体 A（带正电荷）和一内半径为 r_b 的长圆筒形导体 B（带负电荷），它们同轴放置，分别带等量异号电荷。由高斯定理知，在垂直于轴线的任一截面 S 内，都有二维场。在二维场中，电场强度 E 平行于 XY 平面，坐标原点在同轴电缆线的圆心。其等位面为一簇同轴圆柱面，因此只要研究任一 S 面上的电场分布即可。例如，设有一同轴电缆线的外半径 $r_b=6$ cm，内半径 $r_a=1$ cm，内外导体的电势差 $U_0=20$ V，求该同轴电缆线的等位线和电场分布图。

在 MATLAB 编程中执行等位线绘图指令 contourf，可获得电位函数在同轴电缆线内部的分布，计算场强 U_r，并利用 gradient($-U_r$) 求负梯度，再用 quiver 函数就可绘制出空间电场强度 E_r 的分布。

六、注意事项

(1) 确保采用的 MATLAB 函数等使用正确。

(2) 确保 MATLAB 程序语法使用正确无误。

七、报告要求

(1) 按照标准实验报告的格式和内容完成实验报告。

(2) 完成数据整理、计算和绘图工作。

(3) 对仿真实验中的各种现象进行分析和讨论。

(4) 写出本项实验的心得与收获。

2.7 接地矩形金属槽内部电位分布实验

一、实验目的

(1) 了解和掌握分离变量法和有限差分法。

(2) 掌握 MATLAB 软件的基本使用。

(3) 能够仿真展示出接地矩形金属槽内部电位的分布图。

二、预习要求

(1) 了解拉普拉斯方程、分离变量法和有限差分法。

(2) 掌握 MATLAB 软件的基本使用和绘图指令的用法。

三、实验原理

1. 问题提出

一些特殊对称边界的静态场域问题，可以用分离变量法或镜像法求出其解析解（精确解）。有时由于场域的边界复杂，不易用解析方法得到，常采用数值计算方法求解；其中最常用的数值计算方法是有限差分法。

如图 2.7-1 所示，尺寸为 $a \times b$ 的矩形导体槽三面接地，上方是一块密实的与之绝缘的金属盖板，其电位为 $\varphi=U_0=100$ V，求槽内电位的分布情况。

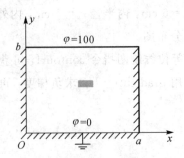

图 2.7 - 1 接地矩形导体箱

这是二维静态场域的边值问题，在直角坐标系中，接地导体矩形槽中的电位函数 φ 满足拉普拉斯方程 $\dfrac{\partial^2 \varphi}{\partial x^2} + \dfrac{\partial^2 \varphi}{\partial y^2} = 0$。其边界条件满足第一类边界条件(Dirichlet 边界条件)问题：

$$\varphi(x, y)\,|_{x=0} = 0,\ \varphi(x, y)\,|_{y=0} = 0 \qquad (2.7-1)$$

$$\varphi(x, y)\,|_{x=a} = 0,\ \varphi(x, y)\,|_{y=b} = U_0 \qquad (2.7-2)$$

这里，求出矩形导体槽内电位的分布的解析解和数值解，从而可比较数值解的优势。

2. 导体槽内电位的理论求解与数值计算

1) 用分离变量法求解析解

这是一个二维场域问题，为求出矩形导体槽内电位分布的解析解，可用分离变量法来计算。根据数学物理方法，导体槽内电位函数的通解为

$$\varphi = \sum_{n=1}^{\infty} A_n \sin\left(\frac{n\pi}{a}x\right)\sinh\left(\frac{n\pi}{a}y\right) \qquad (2.7-3)$$

其系数 A_n 由 $y=b$ 的边界条件来确定，即

$$U_0 = \sum_{n=1}^{\infty} A_n \sin\left(\frac{n\pi}{a}x\right)\sinh\left(\frac{n\pi}{a}b\right) \qquad (2.7-4)$$

两边同乘以 $\sin\left(\dfrac{n\pi}{a}x\right)$，并从 $0 \sim a$ 进行积分，可得

$$A_n = \frac{2U_0}{a\sinh\dfrac{n\pi}{a}b}\int_0^a \sin\frac{n\pi}{a}x\,\mathrm{d}x = \frac{2U_0}{n\pi\sinh\dfrac{n\pi}{a}b}(1-\cos n\pi) \qquad (2.7-5)$$

式(2.7 - 5)中，当 n 为偶数时，$A_n = 0$，故应取奇数，得

$$A_n = \frac{4U_0}{n\pi\sinh\dfrac{n\pi}{a}b} \quad (n = 1,\ 3,\ 5,\ \cdots)$$

这样就可得到接地矩形导体槽电位分布的解析解为

$$\varphi = \frac{4U_0}{\pi}\sum_{n=\text{奇数}}^{\infty} \frac{1}{n\sinh\dfrac{n\pi}{a}b}\sin\left(\frac{n\pi}{a}x\right)\sinh\left(\frac{n\pi}{a}y\right) \qquad (2.7-6)$$

由式(2.7 - 6)可见，用分离变量法求得的解析解结果是无穷多项的级数和形式。

2) 用有限差分法数值计算处理

二维场域的拉普拉斯方程可以用有限差分法进行近似计算。首先把求解的区域划分成网格，把求解区域内连续的场分布用求网格节点上的离散的数值解代替。网格必须划分得充分

细，才能达到足够的精度，这里采用正方形网格划分，如图 2.7-2 所示。其次，以各网格节点的电位作为未知数的差分方程式来代换拉普拉斯方程，如图 2.7-3 所示。

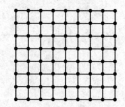

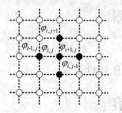

图 2.7-2　有限差分的正方形网格点　　　图 2.7-3　迭代法所用网格的划分

设正方形每个网格边长为 h（称为步长），网格节点 (i,j) 的电位为 $\varphi_{i,j}$，其上下左右 4 个节点的电位分别为 $\varphi_{i,j+1}$、$\varphi_{i,j-1}$、$\varphi_{i-1,j}$、$\varphi_{i+1,j}$。在 h 充分小的情况下，可以将 $\varphi_{i,j}$ 为基点进行泰勒级数展开：

$$\varphi_{i,j+1} = \varphi_{i,j} + \left(\frac{\partial \varphi}{\partial y}\right)h + \frac{1}{2}\left(\frac{\partial^2 \varphi}{\partial y^2}\right)h^2 + \frac{1}{6}\left(\frac{\partial^3 \varphi}{\partial y^3}\right)h^3 + \cdots$$

$$\varphi_{i,j-1} = \varphi_{i,j} - \left(\frac{\partial \varphi}{\partial y}\right)h + \frac{1}{2}\left(\frac{\partial^2 \varphi}{\partial y^2}\right)h^2 - \frac{1}{6}\left(\frac{\partial^3 \varphi}{\partial y^3}\right)h^3 + \cdots$$

$$\varphi_{i-1,j} = \varphi_{i,j} - \left(\frac{\partial \varphi}{\partial y}\right)h + \frac{1}{2}\left(\frac{\partial^2 \varphi}{\partial y^2}\right)h^2 - \frac{1}{6}\left(\frac{\partial^3 \varphi}{\partial y^3}\right)h^3 + \cdots$$

$$\varphi_{i+1,j} = \varphi_{i,j} + \left(\frac{\partial \varphi}{\partial y}\right)h + \frac{1}{2}\left(\frac{\partial^2 \varphi}{\partial y^2}\right)h^2 + \frac{1}{6}\left(\frac{\partial^3 \varphi}{\partial y^3}\right)h^3 + \cdots$$

把以上 4 个式子相加，得

$$\varphi_{i,j+1} + \varphi_{i,j-1} + \varphi_{i-1,j} + \varphi_{i+1,j} = 4\varphi_{i,j} + h^2\left(\frac{\partial^2 \varphi}{\partial x^2} + \frac{\partial^2 \varphi}{\partial y^2}\right) + \cdots \tag{2.7-7}$$

显然，在 4 个式子相加的过程中，h 的所有奇次方项都抵消了，所以式 (2.7-7) 是略去 h^4 及其以上的项所得，其精度为 h 的二次项。场中任何点 (i,j) 都满足泊松方程 $\nabla^2 = \left(\frac{\partial^2 \varphi}{\partial x^2} + \frac{\partial^2 \varphi}{\partial y^2}\right) = F(x,y)$。其中，$F(x,y)$ 为场源，则式 (2.7-7) 变为

$$\varphi_{i,j} = \frac{1}{4}(\varphi_{i,j+1} + \varphi_{i,j-1} + \varphi_{i-1,j} + \varphi_{i+1,j}) - \frac{h^2}{4}F(x,y) \tag{2.7-8}$$

对于无源场，$F(x,y) = 0$，则二维拉普拉斯方程的有限差分形式为

$$\varphi_{i,j} = \frac{1}{4}(\varphi_{i,j+1} + \varphi_{i,j-1} + \varphi_{i-1,j} + \varphi_{i+1,j}) \tag{2.7-9}$$

这样，二阶偏微分方程就可以用差分代数方程来近似替代。只要任意设定网格点电位的初值，则用迭代法不断更新各网格点的电位值，直到满足所要求的精度为止（利用计算机来进行迭代计算时，为了简化程序，初值电位一般取零值）。为减少迭代次数，加快收敛速度，通常采用松弛法迭代法，节点 (i,j) 经过 $n+1$ 次迭代后，其迭代公式为

$$\varphi_{i,j}^{n+1} = \varphi_{i,j}^{n} + \frac{\omega}{4}(\varphi_{i,j+1}^{n} + \varphi_{i,j-1}^{n} + \varphi_{i-1,j}^{n+1} + \varphi_{i+1,j}^{n+1} - 4\varphi_{i,j}^{n}) \tag{2.7-10}$$

式中，ω 为松弛因子，它的最佳值可由下式计算：

$$\omega = \frac{z}{1 + \sqrt{1 - \left[\frac{\cos(\pi/m) + \cos(\pi/n)}{2}\right]^2}} \tag{2.7-11}$$

式中，m、n 为 x、y 方向的网格数。不同的 ω 值可有不同的收敛速度，其值范围一般在 1 与 2 之间。

四、实验仪器

计算机： 1台
MATLAB 软件： 1套

五、实验内容

根据相关公式，取步长 $h=1$，x、y 方向的网格数为 $h_x=41$，$h_y=21$，共有 $41\times21=861$ 个网格点，迭代精度为 10^{-6}，并用 MATLAB 软件编写计算程序。首先用有限差分法计算所有网格点的电位值 $U(i,j)$，然后设定一个坐标点 $A(x,y)$。由给定的参数求出 A 点电位的解析解，最后将同一点的差分解的结果和解析解的结果进行比较，算出相对误差。计算程序流程如图 2.7-4 所示。

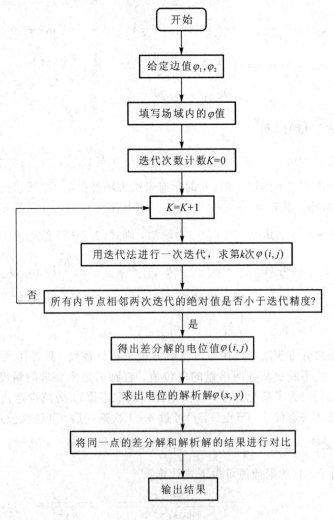

图 2.7-4 计算机程序流程

六、注意事项

(1) 确保采用的 MATLAB 函数等使用正确。

(2) 确保 MATLAB 程序语法使用正确无误。

七、报告要求

(1) 按照标准实验报告的格式和内容完成实验报告。

(2) 完成数据整理、计算和绘图工作。

(3) 对仿真实验中的各种现象进行分析和讨论。

(4) 写出本项实验的心得与收获。

2.8 带电粒子在任意电磁场中的运动图像仿真实验

一、实验目的

(1) 了解和掌握电磁场、洛伦兹力、电场力等相关基础知识。

(2) 进一步掌握 MATLAB 软件的基本使用方法。

(3) 能够仿真展示出带电粒子在任意电磁场中的运动图像。

二、预习要求

(1) 了解电磁场、洛伦兹力、电场力的基本概念、定义和性质。

(2) 会计算带电粒子在电场和磁场中的受力。

(3) 掌握 MATLAB 软件的基本使用和绘图指令的用法。

三、实验原理

带电粒子在电磁场中的运动在实际中有着很重要的应用。普通物理电磁学讨论的一般都是匀强场的简单情况,而实际情况往往是非匀强场和时变场。这里,利用 MATLAB 软件编写一个面向任意电磁场的程序,只要输入电场和磁场在坐标系下的分量表达式以及初始条件,运行程序就可以得到带电粒子在该电磁场中运动的径迹,并且可以用动画的形式演示出来。

设质量为 m、带电量为 q 的粒子,在电磁场中的受力为

$$q(\boldsymbol{E} + \boldsymbol{v} \times \boldsymbol{B}) = m \frac{\mathrm{d}^2 \boldsymbol{r}}{\mathrm{d}t^2} \tag{2.8-1}$$

动力学方程为

$$\boldsymbol{F} = q(\boldsymbol{E} + \boldsymbol{v} \times \boldsymbol{B}) \tag{2.8-2}$$

在直角坐标系下,有

$$
\begin{cases}
\begin{aligned}
\boldsymbol{E} &= \boldsymbol{E}(x,\ y,\ z,\ t) \\
&= E_x(x,\ y,\ z,\ t)\boldsymbol{i} + E_y(x,\ y,\ z,\ t)\boldsymbol{j} + E_z(x,\ y,\ z,\ t)\boldsymbol{k} \\
\boldsymbol{B} &= \boldsymbol{B}(x,\ y,\ z,\ t) \\
&= B_x(x,\ y,\ z,\ t)\boldsymbol{i} + B_y(x,\ y,\ z,\ t)\boldsymbol{j} + B_z(x,\ y,\ z,\ t)\boldsymbol{k} \\
\boldsymbol{r} &= x(t)\boldsymbol{i} + y(t)\boldsymbol{j} + z(t)\boldsymbol{k} \\
\boldsymbol{v} &= \frac{\mathrm{d}\boldsymbol{r}}{\mathrm{d}t} = \frac{\mathrm{d}x(t)}{\mathrm{d}t}\boldsymbol{i} + \frac{\mathrm{d}y(t)}{\mathrm{d}t}\boldsymbol{j} + \frac{\mathrm{d}z(t)}{\mathrm{d}t}\boldsymbol{k}
\end{aligned}
\end{cases}
\tag{2.8 - 3}
$$

带入动力学方程，可得

$$
\begin{cases}
\dfrac{\mathrm{d}^2 x(t)}{\mathrm{d}t^2} = \dfrac{q}{m}\left(E_x(x,\ y,\ z,\ t) + \dfrac{\mathrm{d}y(t)}{\mathrm{d}t}B_z(x,\ y,\ z,\ t) - \dfrac{\mathrm{d}z(t)}{\mathrm{d}t}B_y(x,\ y,\ z,\ t) \right) \\[3mm]
\dfrac{\mathrm{d}^2 y(t)}{\mathrm{d}t^2} = \dfrac{q}{m}\left(E_y(x,\ y,\ z,\ t) + \dfrac{\mathrm{d}z(t)}{\mathrm{d}t}B_x(x,\ y,\ z,\ t) - \dfrac{\mathrm{d}x(t)}{\mathrm{d}t}B_z(x,\ y,\ z,\ t) \right) \\[3mm]
\dfrac{\mathrm{d}^2 z(t)}{\mathrm{d}t^2} = \dfrac{q}{m}\left(E_z(x,\ y,\ z,\ t) + \dfrac{\mathrm{d}x(t)}{\mathrm{d}t}B_y(x,\ y,\ z,\ t) - \dfrac{\mathrm{d}y(t)}{\mathrm{d}t}B_x(x,\ y,\ z,\ t) \right)
\end{cases}
$$

$$
\tag{2.8 - 4}
$$

四、实验仪器

计算机：　　　　　1 台

MATLAB 软件：　　1 套

五、实验内容

设初始条件为 $t = 0$，$x(0) = 0$，$y(0) = 0$，$z(0) = 0$，$v = v_0$，则上述动力学方程和初始条件就构成了常微分方程组初值问题。直接调用 MATLAB 软件中解常微分方程组初值问题的 ode 库函数，即可得到带电粒子运动径迹的数值解。

六、注意事项

(1) 确保采用的 MATLAB 函数等使用正确。

(2) 确保 MATLAB 程序语法使用正确无误。

七、报告要求

(1) 按照标准实验报告的格式和内容完成实验报告。

(2) 完成数据整理、计算和绘图工作。

(3) 对仿真实验中的各种现象进行分析和讨论。

(4) 写出本项实验的心得与收获。

2.9 波动方程的动态演示实验

一、实验目的

(1) 了解和掌握麦克斯韦方程组的推导方法。

(2) 进一步掌握 MATLAB 软件的基本使用方法。

(3) 能够仿真展示出一维波动方程的图形。

二、预习要求

(1) 了解散度和旋度的性质及等式转化。

(2) 掌握麦克斯韦方程组。

(3) 掌握 MATLAB 软件的基本使用和绘图指令的用法。

三、实验原理

麦克斯韦方程是一阶矢量微分方程组,用于描述电场与磁场间相互作用关系。时变电磁场中,电场与磁场相互激励,在空间形成电磁波。时变电磁场的能量以电磁波的形式进行传播,说明电磁场具有波动性。描述电磁场的波动性需要利用电磁场的波动方程,电磁场的波动方程表明了时变电磁场的运动规律。波动方程是二阶矢量微分方程组,揭示了电磁场的波动性。

麦克斯韦方程组:

$$\begin{cases} \nabla \times \boldsymbol{H} = \boldsymbol{J} + \dfrac{\partial \boldsymbol{D}}{\partial t} \\[2mm] \nabla \times \boldsymbol{E} = -\dfrac{\partial \boldsymbol{B}}{\partial t} \\[2mm] \nabla \cdot \boldsymbol{D} = \rho \\[2mm] \nabla \cdot \boldsymbol{B} = 0 \end{cases} \qquad (2.9-1)$$

设媒质的介电常数为 ε、磁导率为 μ、电导率为 σ,对于线性、均匀和各向同性媒质,ε 和 μ 都是标量常数。除非特别说明,一般假设媒质是线性、均匀和各向同性的。

(1) 在无源空间($\rho = 0$,$\boldsymbol{J} = 0$)中,媒质为理想介质,则只用电场强度 $\boldsymbol{E}$ 和磁场强度 $\boldsymbol{H}$ 两个矢量场来描述的麦克斯韦方程微分形式为

$$\begin{cases} \nabla \times \boldsymbol{H} = \varepsilon \dfrac{\partial \boldsymbol{E}}{\partial t} \\[2mm] \nabla \times \boldsymbol{E} = -\mu \dfrac{\partial \boldsymbol{H}}{\partial t} \\[2mm] \nabla \cdot \boldsymbol{H} = 0 \\[2mm] \nabla \cdot \boldsymbol{E} = 0 \end{cases} \qquad (2.9-2)$$

将式(2.9-2)中的第二个方程两边取旋度,则有

$$\nabla \times (\nabla \times \boldsymbol{E}) = \nabla \times \left(-\mu \frac{\partial \boldsymbol{H}}{\partial t}\right) = -\mu \frac{\partial}{\partial t}(\nabla \times \boldsymbol{H}) \qquad (2.9-3)$$

将式(2.9-2)中的第一个方程代入式(2.9-3)，有

$$\nabla \times (\nabla \times \boldsymbol{E}) = -\varepsilon \mu \frac{\partial^2 \boldsymbol{E}}{\partial t^2} \qquad (2.9-4)$$

利用矢量恒等式 $\nabla \times (\nabla \times \boldsymbol{E}) = \nabla(\nabla \cdot \boldsymbol{E}) - \nabla^2 \boldsymbol{E}$ 以及式(2.9-2)中的第四个方程，式(2.9-4)变为

$$\nabla \times (\nabla \times \boldsymbol{E}) = \nabla(\nabla \cdot \boldsymbol{E}) - \nabla^2 \boldsymbol{E} = -\nabla^2 \boldsymbol{E} = -\varepsilon \mu \frac{\partial^2 \boldsymbol{E}}{\partial t^2} \qquad (2.9-5)$$

即

$$\nabla^2 \boldsymbol{E} - \varepsilon \mu \frac{\partial^2 \boldsymbol{E}}{\partial t^2} = 0 \qquad (2.9-6)$$

式(2.9-6)为无源区中电场强度 $\boldsymbol{E}$ 满足的齐次波动方程，∇^2 为矢量拉普拉斯算子符。类似地，可以得到无源区中磁场强度 $\boldsymbol{H}$ 满足的齐次波动方程，即

$$\nabla^2 \boldsymbol{H} - \varepsilon \mu \frac{\partial^2 \boldsymbol{H}}{\partial t^2} = 0 \qquad (2.9-7)$$

在求解式(2.9-6)和式(2.9-7)这两个波动方程时可直接求矢量方程，但在实际运算中较为复杂，因此一般将矢量方程变化为标量方程。

在直角坐标系中，$\boldsymbol{E} = \boldsymbol{e}_x E_x + \boldsymbol{e}_y E_y + \boldsymbol{e}_z E_z$，因此矢量波动方程转变为三个标量波动方程，即

$$\begin{cases} \dfrac{\partial^2 E_x}{\partial x^2} + \dfrac{\partial^2 E_x}{\partial y^2} + \dfrac{\partial^2 E_x}{\partial z^2} - \varepsilon\mu \dfrac{\partial^2 E_x}{\partial t^2} = 0 \\[2mm] \dfrac{\partial^2 E_y}{\partial x^2} + \dfrac{\partial^2 E_y}{\partial y^2} + \dfrac{\partial^2 E_y}{\partial z^2} - \varepsilon\mu \dfrac{\partial^2 E_y}{\partial t^2} = 0 \\[2mm] \dfrac{\partial^2 E_z}{\partial x^2} + \dfrac{\partial^2 E_z}{\partial y^2} + \dfrac{\partial^2 E_z}{\partial z^2} - \varepsilon\mu \dfrac{\partial^2 E_z}{\partial t^2} = 0 \end{cases} \qquad (2.9-8)$$

同理，磁场强度 $\boldsymbol{H}$ 的矢量波动方程转变为三个标量波动方程，即

$$\begin{cases} \dfrac{\partial^2 H_x}{\partial x^2} + \dfrac{\partial^2 H_x}{\partial y^2} + \dfrac{\partial^2 H_x}{\partial z^2} - \varepsilon\mu \dfrac{\partial^2 H_x}{\partial t^2} = 0 \\[2mm] \dfrac{\partial^2 H_y}{\partial x^2} + \dfrac{\partial^2 H_y}{\partial y^2} + \dfrac{\partial^2 H_y}{\partial z^2} - \varepsilon\mu \dfrac{\partial^2 H_y}{\partial t^2} = 0 \\[2mm] \dfrac{\partial^2 H_z}{\partial x^2} + \dfrac{\partial^2 H_z}{\partial y^2} + \dfrac{\partial^2 H_z}{\partial z^2} - \varepsilon\mu \dfrac{\partial^2 H_z}{\partial t^2} = 0 \end{cases} \qquad (2.9-9)$$

(2) 在线性、各向同性的均匀导电媒质中，麦克斯韦方程组为

$$\begin{cases} \nabla \times \boldsymbol{H} = \varepsilon \dfrac{\partial \boldsymbol{E}}{\partial t} + \sigma \boldsymbol{E} \\[2mm] \nabla \times \boldsymbol{E} = -\mu \dfrac{\partial \boldsymbol{H}}{\partial t} \\[2mm] \nabla \cdot \boldsymbol{H} = 0 \\[2mm] \nabla \cdot \boldsymbol{E} = 0 \end{cases} \qquad (2.9-10)$$

同无源理想介质空间推导方程一样，将第二个方程两边取旋度后，再将$\nabla \times \boldsymbol{H} = \varepsilon \dfrac{\partial \boldsymbol{E}}{\partial t} + \sigma \boldsymbol{E}$ 代入，则有

$$\nabla \times \nabla \times \boldsymbol{E} = -\mu \frac{\partial}{\partial t}(\nabla \times \boldsymbol{H}) = -\varepsilon\mu \frac{\partial^2 \boldsymbol{E}}{\partial t^2} - \mu\sigma \frac{\partial \boldsymbol{E}}{\partial t} \qquad (2.9-11)$$

利用矢量恒等式$\nabla \times \nabla \times \boldsymbol{E} = \nabla(\nabla \cdot \boldsymbol{E}) - \nabla^2 \boldsymbol{E}$ 以及式(2.9-10)中的第四个方程，上式变为

$$\nabla^2 \boldsymbol{E} - \varepsilon\mu \frac{\partial^2 \boldsymbol{E}}{\partial t^2} - \mu\sigma \frac{\partial \boldsymbol{E}}{\partial t} = 0 \qquad (2.9-12)$$

式(2.9-12)为导电媒质中电场强度 $\boldsymbol{E}$ 满足的波动方程。

类似地，导电媒质中磁场强度 $\boldsymbol{H}$ 满足的波动方程为

$$\nabla^2 \boldsymbol{H} - \varepsilon\mu \frac{\partial^2 \boldsymbol{H}}{\partial t^2} - \mu\sigma \frac{\partial \boldsymbol{H}}{\partial t} = 0 \qquad (2.9-13)$$

这样，导电媒质中电场强度 $\boldsymbol{E}$ 和磁场强度 $\boldsymbol{H}$ 可以通过式(2.9-12)和式(2.9-13)的波动方程获得。这些方程支配着无缘均匀导电媒质中电磁场的行为。在二阶微分方程中，一阶的存在表明电磁场在导电媒质中的传播是衰减的(有能量损耗)。因此导电媒质也成为有耗媒质。

(3) 在有源空间，电场强度 $\boldsymbol{E}$ 和磁场强度 $\boldsymbol{H}$ 满足的矢量波动方程为

$$\begin{cases} \nabla^2 \boldsymbol{E} - \varepsilon\mu \dfrac{\partial^2 \boldsymbol{E}}{\partial t^2} = \mu \dfrac{\partial \boldsymbol{J}}{\partial t} + \dfrac{\nabla\rho}{\varepsilon} \\[3mm] \nabla^2 \boldsymbol{H} - \varepsilon\mu \dfrac{\partial^2 \boldsymbol{H}}{\partial t^2} = -\nabla \times \boldsymbol{J} \end{cases} \qquad (2.9-14)$$

式(2.9-14)称为有源区的非齐次矢量波动方程。

四、实验仪器

计算机：　　　　　　　1 台
MATLAB 软件：　　　　1 套

五、实验内容

参照一维波动方程进行编程，给出相关图形，并理解波动方程。

六、注意事项

(1) 确保采用的 MATLAB 函数等使用正确。
(2) 确保 MATLAB 程序语法使用正确无误。

七、报告要求

(1) 按照标准实验报告的格式和内容完成实验报告。
(2) 完成数据整理、计算和绘图工作。
(3) 对仿真实验中的各种现象进行分析和讨论。
(4) 写出本项实验的心得与收获。

2.10 均匀平面电磁波传播实验

一、实验目的

(1) 了解和掌握均匀平面电磁波的概念。

(2) 掌握在理想介质、导电媒质中均匀平面电磁波的传播规律和特点。

(3) 进一步掌握 MATLAB 软件的基本使用方法。

(4) 能够仿真展示出在理想介质、导电媒质中均匀平面电磁波的传播情况。

二、预习要求

(1) 了解均匀平面电磁波的概念。

(2) 了解理想介质、导电媒质中均匀平面电磁波的传播规律和特点。

(3) 掌握 MATLAB 软件的基本使用方法和绘图指令的用法。

三、实验原理

均匀平面电磁波是指电磁波的电场和磁场矢量只沿着它的传播方向变化,在垂直于传播方向的无限大平面内,电场和磁场的大小、方向和相位都保持不变的电磁波。若电磁波沿着 z 轴传播,电场和磁场仅是坐标 z 的函数。

在理想介质中的均匀平面波,假设所讨论的区域为无源区,即 $\rho = 0$,$\boldsymbol{J} = 0$,并且充满线性、各向同性的均匀介质。假设选用的直角坐标系中均匀平面波沿 z 轴传播,则电场强度 $\boldsymbol{E}$ 和磁场强度 $\boldsymbol{H}$ 都不是 x 和 y 的函数,即

$$\begin{cases} \dfrac{\partial \boldsymbol{E}}{\partial x} = \dfrac{\partial \boldsymbol{E}}{\partial y} = 0 \\[2mm] \dfrac{\partial \boldsymbol{H}}{\partial x} = \dfrac{\partial \boldsymbol{H}}{\partial y} = 0 \end{cases} \tag{2.10-1}$$

同时,由 $\nabla \cdot \boldsymbol{E} = 0$ 和 $\nabla \cdot \boldsymbol{H} = 0$,以及 E_z、H_z 的波动方程,有

$$\begin{cases} \dfrac{\partial E_z}{\partial z} = 0, \ \dfrac{\partial H_z}{\partial z} = 0 \\[2mm] E_z = 0, \ H_z = 0 \end{cases} \tag{2.10-2}$$

对于沿 z 方向传播的均匀平面波,电场强度 $\boldsymbol{E}$ 和磁场强度 $\boldsymbol{H}$ 的分量 E_x、E_y 和 H_x、H_y 满足

$$\begin{cases} \dfrac{\mathrm{d}^2 E_x}{\mathrm{d}z^2} + k^2 E_x = 0 \\[3mm] \dfrac{\mathrm{d}^2 E_y}{\mathrm{d}z^2} + k^2 H_y = 0 \\[3mm] \dfrac{\mathrm{d}^2 H_x}{\mathrm{d}z^2} + k^2 H_x = 0 \\[3mm] \dfrac{\mathrm{d}^2 H_y}{\mathrm{d}z^2} + k^2 H_y = 0 \end{cases} \tag{2.10-3}$$

由于都是二阶常微分方程，具有相同的解的形式，对于第一个方程，其通解为

$$E_x(z) = A_1 e^{-jkz} + A_2 e^{jkz} \tag{2.10-4}$$

其中，$A_1 = E_{1m} e^{j\phi_1}$，$A_2 = E_{2m} e^{j\phi_2}$，ϕ_1、ϕ_2 分别为 A_1、A_2 的幅角，写成瞬时表达式为

$$E_x(z, t) = \text{Re}[E_x(z) e^{j\omega t}]$$
$$= E_{1m} \cos(\omega t - kz + \phi_1) + E_{2m} \cos(\omega t + kz + \phi_2) \tag{2.10-5}$$

假设空间充满均匀媒质，其媒质对应的介电常数、磁导率和电导率分别为 ε、μ 和 σ；若电磁波为沿 $+z$ 轴方向传播的均匀平面波，则电场和磁场强度矢量的复矢量表示为

$$\begin{cases} \boldsymbol{E}(z) = \boldsymbol{e}_x E_m e^{-\gamma z} \\ \boldsymbol{H}(z) = \boldsymbol{e}_y \dfrac{E_m}{\eta_c} e^{-\gamma z} \end{cases} \tag{2.10-6}$$

式中：$\gamma = j k_c = j\omega \sqrt{\mu \varepsilon_c} = \alpha + j\beta$ 为电磁波的传播常数，其中 α 和 β 分别为衰减常数和相位常数；$\eta_c = \sqrt{\dfrac{\mu}{\varepsilon_c}}$ 为媒质的本征阻抗，一般情况下为一复数。在均匀媒质中，α、β 以及 η_c 可表示为

$$\begin{cases} \alpha = \omega \sqrt{\dfrac{\mu \varepsilon}{2} \left[\sqrt{1 + \left(\dfrac{\sigma}{\omega \varepsilon} \right)^2} - 1 \right]} \\[3mm] \beta = \omega \sqrt{\dfrac{\mu \varepsilon}{2} \left[\sqrt{1 + \left(\dfrac{\sigma}{\omega \varepsilon} \right)^2} + 1 \right]} \\[3mm] \eta_c = \left(\dfrac{\mu}{\varepsilon} \right)^{\frac{1}{2}} \left[1 + \left(\dfrac{\sigma}{\omega \varepsilon} \right)^2 \right]^{-\frac{1}{4}} e^{j\frac{1}{2} \arctan\left(\frac{\sigma}{\omega \varepsilon} \right)} \end{cases} \tag{2.10-7}$$

当 $\sigma = 0$ 时，$\alpha = 0$，表示电磁波无衰减，相位常数 $\beta = \omega \sqrt{\mu \varepsilon_c} = k$ 与电磁波频率呈线性关系，$\eta_c = \sqrt{\dfrac{\mu}{\varepsilon_c}}$ 为一实数，电场与磁场同相。当 $\sigma \neq 0$ 时，$\alpha \neq 0$，电磁波有衰减，相位常数与电磁波频率不是线性关系，η_c 为一复数，磁场相位滞后电场相位。

四、实验仪器

计算机：　　　　　　　1 台
MATLAB 软件：　　　　1 套

五、实验内容

编写仿真程序，首先根据电场、磁场及传播方向建立三维坐标系，电场图形与 x 轴平行，磁场图形与 y 轴平行，传播方向与 z 轴平行。然后以时间 t 为变量进行循环，将空间 z 坐标离散，并利用 MATLAB 矩阵运算，计算各时刻空间点的场值，画出电场、磁场的空间分布，实现场量随时间的动态演示。最后将数值计算的结果进行可视化。

假设入射电磁波电场振幅为 1 V/m，电磁波频率为 600 MHz，媒质的相对介电常数 $\varepsilon_r = 1$，相对磁导率 $\mu_r = 1$，电导率 $\delta = 0$ 时，对应于理想介质，运行程序后，得到如图 2.10-1 所示仿真图；图中仅给出了某一时刻的波形图，可以看出，电场、磁场及传播方向两两垂

直，满足右手螺旋关系，电场、磁场同相位且振幅不衰减。

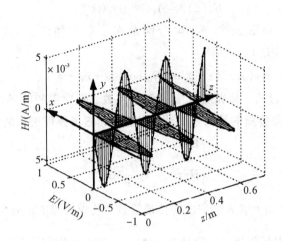

图 2.10-1 理想介质中平面波仿真图

当输入相对介电常数 $\varepsilon_r = 4$ 和相对磁导率 $\mu_r = 1$，电导率 δ 分别为 0.0001、0.001、0.01、1、10^3、10^6 S/m，即对应于不同的导电媒质时，可得到在不同电导率下导电媒质中的均匀平面电磁波的仿真结果。从仿真结果可以看到，随着电导率的增大，电场和磁场振幅衰减增大，即电磁波在媒质中的损耗增大，且电磁波波长减小，磁场的振幅值逐渐增加，磁场相位滞后于电场相位，随着电导率的增加，相位差也随之增大。

六、注意事项

(1) 确保采用的 MATLAB 函数等使用正确。

(2) 确保 MATLAB 程序语法使用正确无误。

七、报告要求

(1) 按照标准实验报告的格式和内容完成实验报告。

(2) 完成数据整理、计算和绘图工作。

(3) 对仿真实验中的各种现象进行分析和讨论。

(4) 写出本项实验的心得与收获。

2.11 电磁波极化状态仿真实验

一、实验目的

(1) 了解和掌握电磁场极化的概念。

(2) 掌握 MATLAB 软件的基本使用方法。

(3) 能够仿真展示出电磁场不同极化状态下的分布图。

(4) 能够把握线极化波、圆极化波、椭圆极化波之间的区别与共同之处。

二、预习要求

(1) 了解电磁场极化的概念。

(2) 了解线极化、圆极化和椭圆极化的概念、定义、性质。

(3) 掌握 MATLAB 软件的基本使用方法和绘图指令的用法。

三、实验原理

电磁波的极化通常是用空间中一固定点上电场强度的矢量的取向随时间变化的特征，以及电场强度矢量的端点随时间变化的轨迹来定义的。如果电波传播时，电场矢量的尖端随时间变化在空间描出的轨迹为一直线，则称为线极化波。如果传播时电场矢量的尖端在空间描出的轨迹为一个圆，则称为圆极化波。如果传播时电场矢量尖端在空间描出的轨迹为一椭圆，则为椭圆极化波。平面电磁波沿轴线前进没有 E_z 分量，一般具有 E_x 分量和 E_y 分量，如果 E_y 分量为零，只有 E_x 分量，则称其为 x 方向线极化。如果只有 E_y 分量而没有 E_x 分量，则称其为 y 方向线极化。一般情况下，E_x 和 E_y 都存在，在接收此电磁波时，将得到包含水平与垂直两个分量的电磁波。如果这两个分量的电磁波的振幅和相位不同，则可以得到各种不同极化形式的电磁波。

1. 线极化波

如果此电磁波的 E_x、E_y 分量分别为

$$\begin{cases} \boldsymbol{E}_x = \boldsymbol{e}_x E_{xm}\cos(\omega t + \varphi_x) \\ \boldsymbol{E}_y = \boldsymbol{e}_y E_{ym}\cos(\omega t + \varphi_y) \end{cases} \tag{2.11-1}$$

其中，φ_x、φ_y 为初相位。

如果 φ_x 等于 φ_y，或 φ_x 与 φ_y 相位差 $2n\pi$，即 $\varphi_x = \varphi_y = \varphi_0$，其合成电场为线极化波，则合成电场强度 $E = E(0, t)$ 的模为

$$E_m = \sqrt{E_x^2 + E_y^2} = \sqrt{E_{xm}^2 + E_{ym}^2}\cos(\omega t + \varphi_0) \tag{2.11-2}$$

电场分量与 x 轴的夹角为

$$\alpha = \arctan\left(\frac{E_y}{E_x}\right) = \arctan\left(\frac{E_{ym}}{E_{xm}}\right) = 常数 \tag{2.11-3}$$

若电场强度的两个分量 E_x 和 E_y 的相位相差180°，即 $\varphi_y - \varphi_x = \pm\pi$，则合成电场强度的模为

$$\begin{aligned} E_m &= \sqrt{E_x^2 + E_y^2} = \sqrt{E_{xm}^2 \cos^2(\omega t + \varphi_x) + E_{ym}^2 \cos^2(\omega t + \varphi_x \pm \pi)} \\ &= \sqrt{E_{xm}^2 + E_{ym}^2}\cos^2(\omega t + \varphi_x) \end{aligned} \tag{2.11-4}$$

合成电场强度与 x 轴的夹角为

$$\alpha = \arctan\left(\frac{E_y}{E_x}\right) = \mp\arctan\left(\frac{E_{ym}}{E_{xm}}\right) = 常数 \tag{2.11-5}$$

由此可见，合成波电场的大小虽然随时间变化，但是其矢端轨迹与 x 轴夹角始终保持不变，其轨迹为一条直线，故为线极化。两个分量 E_x 和 E_y 的相位相等时，极化的轨迹位于直角坐标系第一、三象限的直线上；当相位相差 $\pm\pi$ 时，极化的轨迹位于直角坐标系第二、四象限的直线上。

2. 圆极化波

如果电场强度的两个分量 $\boldsymbol{E}_x$ 和 $\boldsymbol{E}_y$ 的幅度相等，$E_{xm}=E_{ym}$，相位差为90°或270°，即 $\varphi_y-\varphi_x=\pm\dfrac{\pi}{2}$，则电场强度的两个分量可写成

$$\begin{cases} \boldsymbol{E}_x=\boldsymbol{E}_x(0,\,t)=\boldsymbol{e}_x E_{xm}\cos(\omega t+\varphi_x) \\ \boldsymbol{E}_y=\boldsymbol{E}_y(0,\,t)=\boldsymbol{e}_y E_{ym}\cos\left(\omega t+\varphi_x\pm\dfrac{\pi}{2}\right)=\pm\,\boldsymbol{e}_y E_{ym}\cos(\omega t+\varphi_x) \end{cases} \tag{2.11-6}$$

合成磁场为

$$E=\sqrt{E_x^2+E_y^2}=\sqrt{E_{xm}^2+E_{ym}^2} \tag{2.11-7}$$

合成电场强度与 x 轴的夹角为

$$\alpha=\arctan\left(\frac{E_y}{E_x}\right)=\pi\pm(\omega t+\varphi_x) \tag{2.11-8}$$

式(2.11-8)表明：电场强度的两个分量 $\boldsymbol{E}_x$ 和 $\boldsymbol{E}_y$ 的幅度相等、相位相差 $\dfrac{\pi}{2}$ 时，合成电场的大小不随时间改变，但其矢端轨迹与 x 轴夹角 α 随时间变化，其轨迹为以角速度 ω 旋转的圆，故称为圆极化。

当两个电场分量的相位 $\varphi_y-\varphi_x=\dfrac{\pi}{2}$，且 t 增加时，夹角 α 不断减小，合成波矢量端点沿顺时针方向旋转，其旋转方向与传播方向构成左旋关系，故称这种极化波为左旋圆极化波。当相位相差 $-\dfrac{\pi}{2}$，且 t 增加时，夹角 α 不断增大，合成波矢量端点沿逆时针方向旋转，其旋转方向与传播方向构成右旋关系，为右旋圆极化波。

3. 椭圆极化波

如果电场强度的两个分量 $\boldsymbol{E}_x$ 和 $\boldsymbol{E}_y$ 的幅度与相位均不相等，且相位差不为 0°、180°、90°、270°，$\varphi_x=\varphi_y=\varphi$，则电场强度的两个分量可写成

$$\begin{cases} \boldsymbol{E}_x=\boldsymbol{E}_x(0,\,t)=\boldsymbol{e}_x E_{xm}\cos(\omega t+\varphi_x) \\ \boldsymbol{E}_y=\boldsymbol{E}_y(0,\,t)=\boldsymbol{e}_y E_{ym}\cos(\omega t+\varphi_x+\varphi) \end{cases} \tag{2.11-9}$$

将两个方程的 t 消掉，得到合成电场强度满足方程：

$$\left(\frac{E_x}{E_{xm}}\right)^2-2\frac{E_x}{E_{xm}}\frac{E_y}{E_{ym}}\cos\varphi+\left(\frac{E_y}{E_{ym}}\right)^2=\sin^2\varphi \tag{2.11-10}$$

这是一个椭圆方程，表示合成波矢量的端点轨迹为一个椭圆，因此，合成波为椭圆极化波。

合成电场强度与 x 轴的夹角为

$$\alpha = \arctan\left(\frac{E_y}{E_x}\right) = \arctan\frac{E_{ym}\cos(\omega t + \varphi_x + \varphi)}{E_{xm}\cos(\omega t + \varphi_x)} \qquad (2.11-11)$$

式(2.11-11)表明：合成电场的大小和方向随时间改变，其端点在一个椭圆上旋转，当相位差为 $\pi > \varphi > 0$ 时，E_y 分量比 E_x 分量超前，合成场的矢量沿顺时针方向旋转，它与传播方向 $+z$ 成左旋关系，故称这种极化波为左旋椭圆极化波。当相位差为 $-\pi < \varphi < 0$ 时，E_y 分量比 E_x 滞后，合成场的矢量沿逆时针方向旋转，它与传播方向 $+z$ 成右旋关系，故称这种极化波为右旋椭圆极化波。

四、实验仪器

计算机：　　　　　1 台

MATLAB 软件：　　1 套

五、实验内容

（1）利用 MATLAB 软件对电磁波极化状态进行动态仿真。

首先利用 MATLAB 软件中的 lable、title、axis 等基本函数对所建立的坐标系进行设置。z 的场分量受时间 t 的影响，所以当 t 开始时，后面的 z 并没有电磁波到来。因此，在 z 方向取仿真传播长度，与相应的时间因子做乘积，即为所取时间。在此基础上，计算对应的 z 的场分量。利用 MATLAB 软件中的 Quiver 函数以及 plot 函数绘制出场的空间、量和场的瞬时分量。

（2）查看任意时间任意位置的电磁场极化状态。

利用 MATLAB 软件中的 lable 函数设置好需要建立的坐标名称，同时通过 axis 函数设置好相应的坐标参数。手动键入要查看的时间点和位置点，通过 E_x 和 E_y 函数即可计算出对应的 z 的场分量。利用 MATLAB 软件中的 Quiver 函数可实现场的空间和量的可视化图形。

六、注意事项

（1）确保采用的 MATLAB 函数等使用正确。

（2）确保 MATLAB 程序语法使用正确无误。

七、报告要求

（1）按照标准实验报告的格式和内容完成实验报告。

（2）完成数据整理、计算和绘图工作。

（3）对仿真实验中的各种现象进行分析和讨论。

（4）写出本项实验的心得与收获。

2.12 均匀平面电磁波的反射和折射(垂直)仿真实验

一、实验目的

(1) 了解和掌握均匀平面电磁波的反射和折射的定义与验证方法。

(2) 进一步掌握 MATLAB 软件的基本使用方法。

(3) 能够仿真展示出均匀平面电磁波在理想介质交界面上垂直入射的反射和折射分布图。

(4) 能够仿真展示出均匀平面电磁波在理想导体分界面上垂直入射的反射和折射的分布图。

二、预习要求

(1) 了解平面电磁波的传播特性和数学表达式。

(2) 了解反射和折射的概念、定义、性质。

(3) 掌握 MATLAB 软件的基本使用方法和绘图指令的用法。

三、实验原理

1. 电磁波在有界介质中的传播

当电磁波从一种介质入射到另一种介质中时,在分界面上会发生反射、透射或者全反射现象。

设电磁波沿 z 轴方向传播,在与 z 轴垂直的平面上,其电磁场强度各点具有相同的振幅和振动方向,即 E 和 H 只与 z 有关,而与 x 和 y 无关,这种电磁波就是均匀平面电磁波。

沿 z 轴传播的均匀平面电磁波的瞬时值可表示为

$$\boldsymbol{E} = \boldsymbol{e}_x E_{om} \cos(\omega t - kz + \varphi_0) \qquad (2.12-1)$$

$$\boldsymbol{H} = \boldsymbol{e}_y \frac{E_{om}}{\eta} \cos(\omega t - kz + \varphi_0) \qquad (2.12-2)$$

式中,本征阻抗 $\eta = \sqrt{\dfrac{\mu}{\varepsilon}}$,波数 $k = \omega \sqrt{\mu\varepsilon}$。

2. 电磁波从理想介质到理想导体的传播

电磁波从理想介质到理想导体的传播:当电磁波从理想介质垂直入射到理想导体时,由于导体几乎不传播电磁波,所以在分界面处会发生全反射现象,几乎全部的电磁波都被反射回来。反射波传播方向与入射波传播方向相反,且反射系数为 -1。

假设 $z=0$ 为媒质 1 和媒质 2 的平面分界面,入射电波为

$$\boldsymbol{E}_i(z) = E_0(\boldsymbol{e}_x + \mathrm{j}\boldsymbol{e}_y) \mathrm{e}^{-\mathrm{j}\frac{\pi}{2}z} \qquad (2.12-3)$$

电磁波由自由空间垂直入射到 $\varepsilon_r = 4$,$\mu_r = 1$ 的介质中,通过计算,电场的反射系数和透射系数分别为 $r = -13$,$t = 23$,则入射波、反射波和折射波的瞬时值分别如下。

入射波：

$$\boldsymbol{E}_{\mathrm{i}}(z,\ t) = E_0 \left[\boldsymbol{e}_x \cos\left(\omega t - \frac{\pi}{2}z\right) - \boldsymbol{e}_y \sin\left(\omega t - \frac{\pi}{2}z\right) \right] \qquad (2.12-4)$$

反射波：

$$\boldsymbol{E}_{\mathrm{r}}(z,\ t) = -\frac{E_0}{3} \left[\boldsymbol{e}_x \cos\left(\omega t + \frac{\pi}{2}z\right) - \boldsymbol{e}_y \sin\left(\omega t + \frac{\pi}{2}z\right) \right] \qquad (2.12-5)$$

折射波：

$$\boldsymbol{E}_{\mathrm{t}}(z,\ t) = \frac{2E_0}{3} \left[\boldsymbol{e}_x \cos\left(\omega t - \frac{\pi}{2}z\right) - \boldsymbol{e}_y \sin\left(\omega t - \frac{\pi}{2}z\right) \right] \qquad (2.12-6)$$

3. 电磁波从理想介质到理想介质的传播

电磁波从理想介质到理想介质的传播：两种介质都是理想介质时，在分界面处会发生反射和透射，一部分波会透过分界面传输到第二种介质，另一部分波会被反射回到第一种介质中。反射波振幅与入射波振幅成比例关系，其比例因子是反射系数，反射波与入射波传播方向相反；而透射波只存在于第二种介质中，其振幅与入射波振幅的比例因子是透射系数，透射波与入射波传播方向相同。这里仅讨论均匀平面电磁波在理想导体分界面上垂直入射的情况。

已知入射波电场为 $\boldsymbol{E}_{\mathrm{i}}(z) = \boldsymbol{e}_x E_0 \mathrm{e}^{-\mathrm{j}\frac{\pi}{2}z}$，垂直入射到 $z=0$ 的无限大理想导电平面上，则反射系数 $r=-1$，全部的入射波被反射形成反向传播的反射波，则合成波为

$$\boldsymbol{E}(z) = \boldsymbol{E}_{\mathrm{i}}(z) + \boldsymbol{E}_{\mathrm{r}}(z) = \boldsymbol{e}_x E_0 \mathrm{e}^{-\mathrm{j}\frac{\pi}{2}z} - \boldsymbol{e}_x E_0 \mathrm{e}^{\mathrm{j}\frac{\pi}{2}z} = -2\mathrm{j}E_0 \sin\left(\frac{\pi}{2}z\right)\boldsymbol{e}_x \quad (2.12-7)$$

四、实验仪器

计算机：　　　　　1 台

MATLAB 软件：　　1 套

五、实验内容

以一频率为 100 MHz 的均匀平面波在线性、均匀、各向同性的理想介质中的传播为例，动态仿真电磁波传播的过程。这里用到了 MATLAB 软件中的 meshgrid、plot3、pause 等函数。在仿真图中，蓝色为电场强度，红色为磁场强度。通过图形，可以直观地看到电场和磁场互相垂直、相位相同、沿 z 轴按正弦规律变化。

在编程时注意：

（1）应用网格生成函数 meshgrid( ) 生成空间格点矩阵，即确定空间各点的坐标位置。用 plot3( ) 函数绘制电场强度 E_x 分量，利用 holdon 函数控制指令保留当前图形。在同一张图上用函数 plot3( ) 绘制磁场强度 H_y 分量，用函数 plot3( ) 绘制 z 轴。再利用 view( ) 函数调整图形视点，选择合适的角度观看图形。

（2）为区分图形，在绘图函数 plot3( ) 中分别指定绘图的颜色，如蓝色为电场强度，红色为磁场强度，黑色为 z 轴。

（3）用 holdoff 控制指令取消保留当前图形，以便绘制下一幅图形。

（4）在 for 循环内部利用 getframe() 函数捕获当前画面，产生一个数据向量，创建一个帧动画矩阵。

（5）程序循环一次将绘制一张该时刻的电磁波传播图。当时间变量 t 大于预设值时，跳出循环。利用播放动画函数 movie() 将各图连续播放，形成电磁波在三维空间的动态传播。

六、注意事项

（1）确保采用的 MATLAB 函数等使用正确。
（2）确保 MATLAB 程序语法使用正确无误。

七、报告要求

（1）按照标准实验报告的格式和内容完成实验报告。
（2）完成数据整理、计算和绘图工作。
（3）对仿真实验中的各种现象进行分析和讨论。
（4）写出本项实验的心得与收获。

第三章　电磁场与电磁波演示实验

3.1　电磁波的频率和功率测试实验

一、实验目的

(1) 了解和掌握数字智能实训平台的组成和基础应用。

(2) 掌握电磁波的频率分类。

(3) 掌握电磁波频率和功率的测试方法。

(4) 掌握频率和功率的单位转换。

二、预习要求

(1) 了解电磁波功率的单位及转换关系。

(2) 了解电磁波频率的单位及转换关系。

(3) 了解电磁波的概念。

三、实验原理

电磁波由同相振荡且互相垂直的电场与磁场在空间中以波的形式移动,其传播方向垂直于电场与磁场构成的平面。电磁辐射按照频率从低到高进行分类,可以分为无线电波、微波、红外线、可见光、紫外光、X 射线和 γ 射线等。

电磁波是电磁场的一种运动形态。变化的电场会产生磁场(电流会产生磁场),变化的磁场会产生电场,而变化的电磁场在空间的传播就形成了电磁波。

1864 年,英国科学家麦克斯韦在总结前人研究电磁现象的基础上,建立了完整的电磁波理论。他断定了电磁波的存在,推导出电磁波与光具有同样的传播速度。1887 年,德国物理学家赫兹用实验证实了电磁波的存在。1898 年,马可尼又进行了许多实验,不仅证明光是一种电磁波,而且发现了更多形式的电磁波,它们的本质完全相同,只是波长和频率有很大差别。

表 3.1-1 为电磁波频率的分类。

表 3.1-1　电磁波频率的分类

名　称	频率范围	波长范围
甚低频(VLF)	3～30 kHz	甚长波 100～10 km
低频(LF)	30～300 kHz	长波 10～1 km
中频(MF)	300～3000 kHz	中波 1000～100 m

名　称	频率范围	波长范围
高频(HF)	3～30 MHz	短波 100～10 m
甚高频(VHF)	30～300 MHz	米波 10～1 m
特高频(UHF)	300～3000 MHz	分米波 100～10 cm
超高频(SHF)	3～30 GHz	厘米波 10～1 cm
极高频(EHF)	30～300 GHz	毫米波 10～1 mm
至高频(THF)	300～3000 GHz	丝米波 1～0.1 mm

在通信工程中，功率的大小通常是用 dBm 值来表示的，是一个对数度量，被定义为相对于 1 mW 参考功率电平的分贝，即 dBm 代表每毫瓦分贝。因此，它是一个无量纲单位，实际上指定了功率比而不是功率。它的计算公式为：$10 \lg(P / 1 \text{ mW})$。

表 3.1-2 为功率比对表。

表 3.1-2　功率比对表

功　率 P	功率值/dBm	电压有效值 U_{rms}	电压峰峰值 U_{pp}
1 000 000 W＝1 MW	90	7.07 kV	20 kV
100 000 W＝100 kW	80	2.236 kV	6.325 kV
10 000 W＝10 kW	70	0.707 kV	2 kV
1000 W＝1 kW	60	223.6 V	632.5 V
100 W	50	70.7 V	200 V
10 W	40	22.36 V	63.25 V
1 W	30	7.07 V	20 V
100 mW＝10^{-1} W	20	2.236 V	6.325 V
10 mW＝10^{-2} W	10	0.707 V	2 V
1 mW＝10^{-3} W	0	223.6 mV	632.46 mV
100 μW＝10^{-4} W	−10	70.7 mV	200 mV
10 μW＝10^{-5} W	−20	22.36 mV	63.25 mV
1 μW＝10^{-6} W	−30	7.07 mV	20 mV
100 nW＝10^{-7} W	−40	2.236 mV	6.325 mV
10 nW＝10^{-8} W	−50	0.707 mV	2 mV
1 nW＝10^{-9} W	−60	223.6 μV	632.46 μV

功率 P	功率值/dBm	电压有效值 U_{rms}	电压峰峰值 U_{pp}
100 pW＝10^{-10} W	－70	70.7 μV	200 μV
10 pW＝10^{-11} W	－80	22.36 μV	63.25 μV
1 pW＝10^{-12} W	－90	7.07 μV	20 μV
100 fW＝10^{-13} W	－100	2.236 μV	6.325 μV
10 fW＝10^{-14} W	－110	0.707 μV	2 μV
1 fW＝10^{-15} W	－120	223.6 nV	632.46 nV
100 aW＝10^{-16} W	－130	70.7 nV	200 nV
10 aW＝10^{-17} W	－140	22.36 nV	70.7 nV
1 aW＝10^{-18} W	－150	7.07 nV	20 nV

四、实验仪器

HD－CB－Ⅴ电磁场电磁波数字智能实训平台。

五、实验内容

1. 实验步骤

（1）分别将"输出口 1"和"输出口 2"通过 N 型电缆连接至"功率频率检测"。

（2）直读出功率值 dBm，转换成 mW 值是多少。

（3）直读出频率，计算出电磁波的波长。

2. 实验数据及结果

（1）实验数据：

① 从输出端口 1 输出的频率和功率。

② 从输出端口 2 输出的频率和功率。

（2）实验结果：

① 输出端口 1 的频率和功率值以及对应的波长、将功率转换成 mW 的值。

② 输出端口 2 的频率和功率值以及对应的波长、将功率转换成 mW 的值。

六、注意事项

（1）用 N 型电缆连接时要接牢。

（2）不要连接"输出端口 3"。

（3）实验中尽量减少按"发射"按钮的时间，以免损坏仪器和影响其他小组测试。

七、报告要求

（1）按照标准实验报告的格式和内容完成实验报告。

（2）完成数据整理和计算工作。

（3）对实验中的各种现象进行分析和讨论。

（4）本项实验的心得与收获。

3.2 半波天线制作与电磁场的验证实验

一、实验目的

（1）了解半波天线的原理及设计方法，学会制作半波天线。

（2）理解麦克斯韦电磁场方程的内容，验证电磁场的存在。

二、预习要求

（1）了解天线的基本特性与主要参数。

（2）了解麦克斯韦电磁理论的内容。

（3）了解什么是电偶极子。

（4）了解对称振子天线的基本结构及其特性。

三、实验原理

麦克斯韦电磁理论表明，除了电荷可以在空间产生电场及电流可以在空间产生磁场外，随时间变化的电场（或磁场）也可以在空间产生磁场（或电场）。在时变情况下，电场和磁场相互联系、相互激发形成统一的电磁场。另外，麦克斯韦也预言了电磁波的存在。

天线实际上就是一种不同形式组合的金属导体族。当空间存在电磁场时，处于该空间的天线就会在其金属导体上产生感应高频电流。距离发射源的距离越近，金属导体上产生的感应电动势就越大；反之，则感应到的电动势就越小。如果两个金属导体间接入一个发光二极管或小白炽灯，当有电磁场存在且达到一定的功率或能量时，发光二极管或小白炽灯就能因电磁场的存在而发光。

电偶极子是一种基本的辐射单元，它是一段长度远小于波长的直线电流元，线上的电流均匀同相，一个作时谐振荡的电流元可以辐射电磁波，故又称为元天线，元天线是最基本的天线。电磁感应装置的接收天线可采用多种天线形式，相对而言，性能优良、容易制作、成本低廉的有半波天线、环行天线、螺旋天线等，如图 3.2-1 所示。

（a）半波天线　　　（b）环行天线　　　（c）螺旋天线

图 3.2-1　三种感应天线的形式示意图

对称振子天线是最通用的天线形式之一，又称为偶极子天线，它可以看成是由一段末端开路的双线传输线形成的。在对称振子天线中，半波天线因其具有结构简单和馈电方便等优点成为对称天线中应用最为广泛的一种天线。半波天线又称半波振子，因其一臂长度为 $\lambda/4$，全长为半波长而得名，它是对称天线的一种最简单的模式。本实验重点采用半波天线。图 3.2-2 给出了半波对称振子和半波对称折合振子天线的组成示意图。

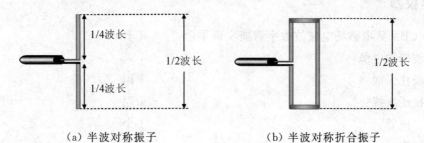

(a) 半波对称振子   (b) 半波对称折合振子

图 3.2-2 半波天线组成示意图

在半波天线中，产生电场的两根直导线称为振子。通常两臂长度相同，所以称为对称振子。两个振子分开的称为半波对称振子，把两个振子两头连起来就变成了半波对称折合振子。

半波对称天线的辐射场可由两根单线驻波天线的辐射场相加得到，于是可得半波振子 $(L=\lambda/4)$ 的远区场强的关系式为

$$|E| = \frac{60I_\mathrm{m}\cos\left(\dfrac{\pi}{2}\cos\theta\right)}{R\sin\theta} = \frac{60I_\mathrm{m}}{R}|f(\theta)| \qquad (3.2-1)$$

式中，θ 为从馈电点（两振子中心）到空间场的夹角，I_m 为馈电点电流的最大值，R 为从馈电点到空间场的距离，$f(\theta)$ 为天线方向性函数。

半波对称天线的归一化方向函数为

$$|F(\theta)| = \frac{|f(\theta)|}{f_\mathrm{max}} = \left|\frac{\cos\left(\dfrac{\pi}{2}\cos\theta\right)}{\sin\theta}\right| \qquad (3.2-2)$$

式中，f_max 为天线方向性函数的最大值。

由半波对称天线的归一化方向函数可画出该天线的方向图，如图 3.2-3 所示。

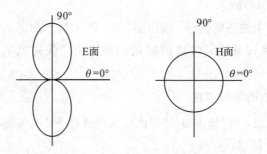

图 3.2-3 半波对称天线的方向图

半波振子方向函数与方位 ϕ 无关，故在 H 面上的方向图是以振子为中心的一个圆，即为全方向性的方向图。在 E 面的方向图为 8 字形，最大辐射方向为 $\theta=\pi/2$，且只要一臂长度不超过 0.625λ，则辐射的最大值始终在 $\theta=\pi/2$ 方向上；若继续增大 L，则辐射的最大方向将偏离 $\theta=\pi/2$ 方向。

四、实验仪器

HD–CB–V 电磁场电磁波数字智能实训平台：	1 套
电磁波传输电缆：	1 套
平板极化天线：	1 副
半波振子天线：	1 副
发光二极管：	1 个
感应灯泡：	1 个

五、实验内容

1. 半波振子天线制作

(1) 接收天线的波长计算。因为 HD–CB–V 电磁场电磁波数字智能实训平台中信号源（发射源）的频率 $f=900\,\text{MHz}$，根据频率与波长的关系 $\lambda=\dfrac{c}{f}$（c 为光速），可以得到发射源的波长为

$$\lambda=\frac{c}{f}=\frac{3\times10^8}{900\times10^6}=0.33\,\text{m} \tag{3.2-3}$$

要使得接收天线能够接收到频率 $f=900\,\text{MHz}$ 的电磁波，则接收天线的频率应与发射源的频率相同，相应其波长也应等于发射源的波长，即 $\lambda=0.33\,\text{m}$。

根据半波天线定义，半波天线的总长 $L=0.165\,\text{m}$，两端子应分别为 $0.165/2=8.25\,\text{cm}$。

(2) 取一段铜丝，截取两段按计算得到的四分之一波长铜丝。

(3) 将铜丝末端的漆刮掉，保持良好导电。

(4) 将天线安装到转盘（转盘上装有发光二极管或感应灯泡）上，就完成了半波对称天线的制作，如图 3.2–2(a) 所示。

(5) 如果取一段一个波长的铜丝，按照图 3.2–2(b) 所示的形式制作，同时将铜丝的两末端的漆刮掉且保持良好导电，将这两端接到转盘上，就完成了半波对称折合天线的制作。

2. 验证天线辐射电磁场的存在

(1) 按下"发射"按钮，将"输出口 2"与极化天线通过 SMA 电缆相连，电磁波经传输电缆和天线发射后在空中传输。

(2) 如果接收天线上的发光二极管或感应灯泡被点亮，就验证了电磁场的存在。

3. 实验数据及结果

(1) 实验数据：

① 制作天线的种类。

② 各类天线的主要参数。

(2) 实验结果:

① 制作几种半波天线或其他天线,给出天线的主要参数。

② 能够验证电磁场的存在。

六、注意事项

(1) 漆包线铜丝需将末端的漆刮掉,保持导电性良好。

(2) 避免铜丝弯折。

(3) 按下"发射"按钮时,如果红色告警灯亮,应立即停止发射,检查各个连接处、波段开关等是否正确,如果不正确则应报告指导教师,以免损坏仪器。

(4) 实验中尽量减少按"发射"按钮的时间,以免影响其他小组的测试。

七、报告要求

(1) 按照标准实验报告的格式和内容完成实验报告。

(2) 完成数据整理、运算与统计工作。

(3) 对实验中的各种现象进行分析和讨论。

(4) 制作其他类型的天线种类(选做)。

(5) 本项实验的心得与收获。

3.3 静电场的模拟实验

一、实验目的

(1) 学会用恒定电流场描绘模拟静电场的实验方法。

(2) 研究电场线的分布规律。

(3) 加深对电场强度和电势概念的理解。

二、预习要求

(1) 深刻理解电场强度、电位的定义和意义。

(2) 理解电场线和等势面的内容。

(3) 掌握模拟法。

(4) 掌握对称振子天线的基本结构及其特性。

三、实验原理

电场强度和电势是表征电场特性的两个基本物理量,为了形象地表示静电场,常采用电场线(曾称电力线)和等势面来描绘静电场。电场线与等势面处处正交,因此有了等势面的图形就可以大致画出电场线的分布图,反之亦然。

静电场的研究有多种方法,模拟法就是一种重要的实验方法。两个物理量之间,只要具有相同的物理模型或相同的数学表达式，就可以用一个物理量去定量地或定性地模仿另一个物理量，这种方法称为模拟法。本实验采用稳恒电流场模拟静电场的方法来描绘等势线。用灵敏电流计检测出一组等势点，然后将这些等势点用光滑曲线连接起来，就描绘出了等势线。

四、实验仪器

自制实验小装置：　　　　1 套
微安电流表：　　　　　　1 个
稳压电源：　　　　　　　1 个
相关配件：　　　　　　　1 套

五、实验内容

1. 实验准备

自制实验装置，如图 3.3-1 所示。

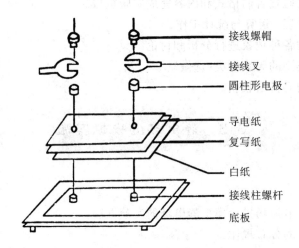

	接线螺帽
	接线叉
	圆柱形电极
	导电纸
	复写纸
	白纸
	接线柱螺杆
	底板

图 3.3-1　实验装置

（1）把实验器底板放正，旋下底板上的接线螺帽，并取下电极圈。

（2）将打好孔的白纸、复写纸、导电纸依次套进接线柱螺杆并放平。

（3）将接线螺帽旋入螺杆，同时把接线插入。然后把接线螺帽旋紧使电极与导电纸接触良好。

（4）将"+5 V"输出端口与接线柱正负端相连接。

（5）均匀地在导电纸上的两电极之间取 5 个小点，作为实验基准点(A、B、C、D、E，可自己标注)。

2. 实验步骤

（1）对实验装置进行检查，以确保没有接触松动。检查无误后，接通"+5 V"电源供电电路。

（2）将一根探针放在基准点 A 上，用另一根探针尖在该附近找寻与 A 等势的点，电流表指针偏转越小，就越接近要找的点。若找到某一点 A_1，指针无偏转且处于零位，就把探针用力按一下，白纸上便留下了与 A 等势的点 A_1。

（3）用相同的方法可以找出 A_2、A_3、$\cdots$、A_8 等 7 个点，这样就得到了一条等势线上的点。

（4）把探针从 A 移到 B，参照上述方法找出与 B 等势的点 B_1、B_2、$\cdots$、B_8。依次类推，共找出 5 条等势线的点

（5）切断电源、取出白纸，分组把点用光滑的曲线连成一条等势线。

（6）按此法画出的等势线是不封闭的，要描绘封闭的等势线应在电极附近取基准点。（注意：不要将探针直接碰触电极，以免损坏表头。）

3. 实验数据及结果

（1）实验数据：

① 基准点在 A 上，A_1、A_2、$\cdots$、A_8 等 8 个等势点的位置数据。

② 基准点从 A 移到 B 处，B_1、B_2、$\cdots$、B_8 等 8 个等势点的位置数据。

③ 依次类推，其他 3 条等势线的等势点位置数据。

（2）实验结果：给出不同的基准点 A 点对应的等势线。

六、注意事项

（1）实验前，应按步骤进行连接。

（2）实验结束，立即断开电源，以免短路。

（3）电极与导电纸应接触良好，特别注意将接线螺帽旋紧，保证实验质量。

七、报告要求

（1）按照标准实验报告的格式和内容完成实验报告。

（2）完成数据整理、画图工作。

（3）对实验中的各种现象进行分析和讨论。

（4）本项实验的心得与收获。

3.4 电场中位移电流的测试实验

一、实验目的

（1）认识时变电磁场，理解电磁感应的原理。

（2）理解电磁波辐射的原理。

（3）总结天线长度与其接收辐射功率的关系。

（4）理解位移电流的概念。

二、预习要求

（1）了解电磁辐射的原理。

（2）了解法拉第电磁感应定律。

三、实验原理

库仑定律、高斯定律和环流定律是对静电学研究的三大基本定律。法拉第在奥斯特发现电能产生磁的基础上，经过近十年的研究，总结出了变化的磁场能够产生电场的法拉第电磁感应定律。针对随时间变化的电场和磁场，麦克斯韦在总结前人给出的静电场和磁场的基础上，通过引入位移电流和涡旋电场这两个概念，再结合法拉第电磁感应定律提出了完整描述电磁理论的麦克斯韦方程组。麦克斯韦电磁理论表明，除了电荷可以在空间产生电场、电流可以产生磁场外，随时间变化的电场也可以在空间产生磁场，随时间变化的磁场亦可以产生电场。在时变情况下，电场和磁场不是彼此孤立的，它们相互联系、相互激发组成一个统一的电磁场。另外，麦克斯韦根据空间电场与磁场的相互激发，也预言了电磁波的存在。

能够将电磁波辐射出去，或者能够接收空中电磁波的装置称为天线。例如，可将信号发生器作为发射源，通过发射天线可在空中产生电磁波。

天线实际上就是一种不同形式组合的金属导体族。当空间存在电磁场时，处于该空间的天线就会在其金属导体上产生感应电动势，进而产生高频电流，该天线（金属导体）称为接收天线。接收天线与发射源的距离越近，则金属导体上产生的感应电动势越大，天线感应到的电磁辐射功率越大；反之，则感应到的功率越小。如果在接收天线的馈电处接入一个发光二极管或小白炽灯，则当接收天线感应的电磁能量满足发光二极管或小白炽灯的点亮能量阈值时，发光二极管或小白炽灯就会发光。这样，接收天线和发光二极管或小白炽灯就构成了一个完整的电磁波感应器，如图 3.4-1 所示。

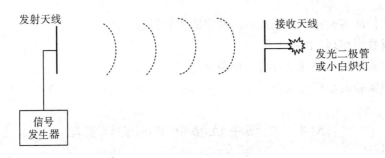

图 3.4-1　电磁场感应实验示意图

接收天线接收到的功率越大，则发光二极管或小白炽灯越亮，反之越暗。当然，如果天线接收功率超过发光二极管或小白炽灯的最大额定功率，就会毁坏发光二极管或小白炽灯。

四、实验仪器

HD-CB-Ⅳ电磁场电磁波数字智能实训平台：	1 套
电磁波传输电缆：	1 套
平板极化天线：	1 副
半波振子天线：	1 副
检波器：	1 只

微安表头：　　　　　　1只

发光二极管：　　　　　1个

感应灯泡：　　　　　　1个

五、实验内容

1. 半波振子天线制作

(1) 剪下一段铜丝，按计算(根据发射信号的频率 $f=900$ MHz 计算波长)可以得到发射源的波长为 $\lambda=0.33$ m。

要使得接收天线能够感应到该频率的电磁场，则半波天线的总长 $L=0.165$ m，两端子应分别为 $0.165/2=8.25$ cm。

(2) 将铜丝末端的漆刮掉，保持良好导电。

(3) 将天线安装到转盘上，这时就完成了半波振子天线的制作。

2. 装置白炽灯泡并总结天线长度与接收功率(灯泡亮暗)的关系

(1) 用 SMA 电缆连接"输出口 2"和极化天线(可先选择 A 端口垂直极化)，将电磁波信号输送到极化天线上发射出去。

(2) 按下机器供电开关，机器工作正常，按下功率"发射"按钮，绿色发射指示灯亮，说明发射正常。

(3) 将用金属丝(铜丝)制作的半波天线安装于感应灯板两端，竖直固定到测试支架上，将滑块移动至极化天线端(最左端)归零，此时液晶显示读数为 0.00。调节测试支架滑块到离发射天线 40 cm 左右，按下功率信号发生器上的"发射"按钮，白炽灯被点亮。

(4) 开始移动测试支架滑块(向靠近极化天线方向移动)，直到白炽灯刚刚发光时，直接在显示器上读取滑块与发射天线的距离并记录。

(5) 改变天线振子的长度，重复上面的过程，记录数据，总结得出天线长度与灯泡亮暗的关系。

(6) 采用不同的天线重复上述过程进行实验，并记录数据。

3. 装置检波二极管并总结天线长度、接收功率与电流等之间的关系

(1) 将感应板换成检波装置(灯泡变成了检波二极管)，并置于旋转支架上。

(2) 将用金属丝(铜丝)制作的半波天线安装于检波板两端，竖直固定到测试支架上，将滑块移动至极化天线端(最左端)归零，此时液晶显示读数为 0.00。调节测试支架滑块到离发射天线 40 cm 左右，通过 SMA 连接线将检波电流送至"检波电流输入"端口，同时将主机后面的开关切换至"电流输入"。按下功率信号发生器上的"发射"按钮，指针开始偏转。然后记录数值。

(3) 慢慢向极化天线方向移动，记录下距离数值及电流大小。

4. 实验数据及结果

(1) 实验数据：

① 制作的天线种类及其相应的主要参数。

② 不同天线长度时，天线长度与接收功率(灯泡亮暗)的对应数据。

③ 不同天线长度时，天线长度、接收功率与电流之间的对应数据。

（2）实验结果：

① 制作几种半波天线或其他天线。建议数据表格如表 3.4-1 所示。

表 3.4-1　本实验建议数据表格(1)

序号	天线形式	天线长度 L/cm	波长/cm	备　注
1				
2				
...				

② 总结出天线长度与接收功率(灯泡亮暗)的关系。建议数据表格如表 3.4-2 所示。

表 3.4-2　本实验建议数据表格(2)

次数	天线形式	天线长度 L/cm	距离/cm	接收功率(灯泡亮暗)
1				
2				
...				

③ 总结出天线长度、接收功率(灯泡亮暗)与电流之间的关系。建议数据表格如表 3.4-3 所示。

表 3.4-2　本实验建议数据表格(3)

次数	天线形式	天线长度 L/cm	距离/cm	电流/A	接收功率(灯泡亮暗)
1					
2					
...					

六、注意事项

（1）漆包线铜丝需将末端的漆刮掉，保持导电性良好。

（2）避免铜丝弯折。

（3）按下"发射"按钮时，如果红色告警灯亮，应立即停止发射，检查各个连接处、波段开关等是否正确，否则应报告指导教师，以免损坏仪器。

（4）实验中尽量减少按"发射"按钮的时间，以免影响其他小组的测试。

（5）开始测试时，接收天线距离发射源的距离不应过近，防止因接收到的电磁场功率过大而烧坏感应显示器(发光二极管或感应灯泡)。

（6）滑动感应器及反射板应缓慢，切忌过快影响实验效果和读数。

（7）实验中尽量减少人员的走动，以免人体反射影响测试结果。

七、报告要求

（1）按照标准实验报告的格式和内容完成实验报告。

（2）完成数据整理、运算与统计工作。

（3）对实验中的各种现象进行分析和讨论。

（4）本项实验的心得与收获。

3.5　电磁波的传播特性测试实验

一、实验目的

（1）学习与了解电磁波的空间传播特性。

（2）通过对电磁波波长与频率、波腹与波节、驻波等的测量，进一步认识和理解电磁波的特性。

（3）利用相干波原理测量波长。

二、预习要求

（1）了解均匀平面电磁波的概念。

（2）了解理想介质中平面电磁波的传播特性。

（3）了解驻波的产生原理及其特性。

三、实验原理

1. 电磁波的传播参数

在理想介质中，假设均匀平面波沿 $+z$ 方向传播，电场只有 x 分量，磁场只有 y 分量，则电磁波为

$$\begin{cases} \boldsymbol{E}(z,\ t) = \boldsymbol{e}_x E_{xm}\cos(\omega t - kz + \varphi_0) \\ \boldsymbol{H}(z,\ t) = \boldsymbol{e}_y \dfrac{E_{xm}}{\eta}\cos(\omega t - kz + \varphi_0) = \boldsymbol{e}_y H_{ym}\cos(\omega t - kz + \varphi_0) \end{cases} \quad (3.5-1)$$

式中：$H_{ym} = \dfrac{E_{xm}}{\eta}$，$E_{xm}$、$H_{ym}$ 为实常数，分别表示电场和磁场的幅度；kz 称为空间相位；ωt 称为时间相位；φ_0 为初相位。

在理想介质中，均匀平面波的电场强度与磁场强度相互垂直，相位相同，且两者空间相位均与变量 z 有关，但振幅不会改变。两个振幅的比值为实常数 η（称为波阻抗），它的值取决于媒质的介电常数与磁导率。电场强度与磁场强度不仅随时间变化，而且也随空间变化。

1）角频率、周期和频率

在时间相位 ωt 中的 ω 称为角频率（也称为角速度），它表示单位时间内物体振动转过的角度，单位为 rad/s。

事物在运动、变化过程中，某些特征多次重复出现，其连续两次出现所经过的时间称为周期 T，单位为 s。物体振动一次即为一周期，其转过的角度为一周，即为 2π。这样，周

期与角频率的关系为 $T=2\pi/\omega$。

在单位时间内物体完成全振动的次数叫频率，用 f 表示，单位为 1/s，或称为 Hz。频率与周期的关系为 $f=1/T$，与角频率的关系为 $\omega=2\pi f$。

2）波长和相位常数

表示空间相位 kz 中的 k 称为相位常数（在理想介质中可用传播常数 β 表示），它表示波传播单位距离的相位变化，单位为 rad/m。

空间相位 kz 变化 2π 所经过的距离称为波长 λ，由 $k\lambda=2\pi$ 可以得到场量随空间变化的波长 λ 为 $\lambda=2\pi/k$。波长表述空间相位差为 2π 的两个波阵面的间距，单位为 m，它描述了相位随空间的变化特性。

由于 $k=\omega\sqrt{\varepsilon\mu}=2\pi f\sqrt{\varepsilon\mu}$，因此波长 λ 也可写为

$$\lambda=\frac{1}{f\sqrt{\varepsilon\mu}} \tag{3.5-2}$$

可见，波长不仅与电磁波的频率有关，也与媒质的特性有关。

3）相速（波速）

电磁波的等相位面在空间中的移动速度称为相速，也称为波速，单位为 m/s。因正弦均匀平面电磁波的等相位面方程为 $\omega t-kz=\text{const}$（常数），则相速 v_p 为

$$v_p=\frac{\mathrm{d}z}{\mathrm{d}t}=\frac{\omega}{k}=\frac{\omega}{\omega\sqrt{\varepsilon\mu}}=\frac{1}{\sqrt{\varepsilon\mu}} \tag{3.5-3}$$

在自由空间中，媒质的介电常数 $\varepsilon_0=\frac{1}{36\pi}\times10^{-9}$，磁导率 $\mu_0=4\pi\times10^{-7}$，则自由空间中电磁波的传播速度 $c=\frac{1}{\sqrt{\varepsilon_0\mu_0}}=3\times10^8$ m/s，它就是我们常说的光速，也证实了光波与无线电波在真空中的传播速度相同。

4）坡印廷矢量

坡印廷矢量表征电磁波传播的方向和能流密度。在理想介质中，坡印廷矢量 $S(z,t)$ 为

$$S(z,t)=E(z,t)\times H(z,t)=\frac{1}{\eta}E(z,t)\times[e_z\times E(z,t)]=e_z\frac{1}{\eta}E^2(z,t)$$

$$\tag{3.5-4}$$

2. 电磁波的传播特性

电磁波的大小由其幅度、相位和波长（或频率）决定，方向由其相互变化的电场和磁场的方向而形成的坡印廷矢量决定。当几种不同参数（波长、波幅、频率、相位、传播方向等）的电磁波同时在同一介质中传播时，这几种电磁波可以保持各自的特点同时通过介质。如果这几种电磁波在某些区域位置相遇，则相遇处的电磁波的振动即为各个电磁波单独在该点产生的振动的合成。这种情况下，频率相同、振动方向相同、相位差恒定的电磁波叠加时就会使空间中一些点的振动始终加强，而另一些点的振动始终减弱或完全抵消，该现象称为电磁波的干涉现象。当频率和振动方向都相同时，如果相位差为零，则振动最强，电磁波幅度出现最大值；如果相位差为 $180°$，则振动最弱，电磁波幅度出现最小值。

干涉是电磁波的一个重要特性，利用干涉原理可对电磁波传播特性进行很好的探索。

驻波是电磁波干涉的特例,在同一媒质中两列振幅相同的相干波在同一直线上反向传播时就会叠加形成驻波。

由发射天线发射出的电磁波,在空间传播过程中可以近似看成均匀平面波。此平面波向外辐射时,在电磁波感应器处会产生两个波的干涉。一是辐射波垂直入射到电磁波感应器后面的金属板被反射回来,到达电磁波感应器的波 1;二是由辐射直射到达电磁波感应器的波 2。由于金属板损耗的电磁波很小,且接近全反射,因此在感应器处两列波的幅度、频率相等,形成驻波。两列电磁波的相位差取决于两列波的波程差。在驻波情况下,当波程差满足一定关系时,在感应器位置处可以产生波腹(驻波在空间内特定量振幅为最大值处的点)或波节(驻波在空间内特定量振幅为最小值处的点)。

假设到达电磁感应器的两列平面波的振幅和频率相同,只是因波程不同而有一定的相位差,电场可表示为

$$\boldsymbol{E}_1 = \boldsymbol{e}_x E_{\mathrm{m}} \cos(\omega t - kz)$$
$$\boldsymbol{E}_2 = \boldsymbol{e}_x E_{\mathrm{m}} \cos(\omega t - kz + \delta)$$

其中 $\delta = \beta z$ 是由于波程差而造成的相位差。

当发射天线发射电磁波时,在电磁波感应器处的电场为

$$\boldsymbol{E} = \boldsymbol{E}_1 + \boldsymbol{E}_2 = \boldsymbol{e}_x E_{\mathrm{m}} [\cos(\omega t - kz) + \cos(\omega t - kz + \delta)] \qquad (3.5-5)$$

可以看出:当相位差 $\delta = \beta z_1 = 2n\pi (n = 0, 1, 2, 3, \cdots)$ 时,合成波电场为 $\boldsymbol{E} = \boldsymbol{e}_x 2E_{\mathrm{m}} \cdot \cos(\omega t - kz)$,即为 2 倍于发射天线的发射波 $\boldsymbol{E}_1 = \boldsymbol{e}_x E_{\mathrm{m}} \cos(\omega t - kz)$,此时合成波的振幅最大,$z_1$ 的位置即为合成波的波腹。

当相位差 $\delta = \beta z_2 = (2n+1)\pi (n = 0, 1, 2, 3, \cdots)$ 时,合成波电场为 $\boldsymbol{E} = 0$,此时合成波的振幅最小,z_2 的位置为合成波的波节。

实际上到达电磁感应器的两列波的振幅不可能完全相同,故合成波的波腹振幅值不是 2 倍单列波的振幅值,合成波的波节值也不是恰好为零。

3. 电磁波波长(或频率)的测量

(1) 根据传播常数 β 与波长 λ 的关系 $\beta = \dfrac{2\pi}{\lambda}$ 可以测量电磁波的波长。

若固定感应器,只移动金属板,即只改变第二列波的波程,则可形成驻波。当合成波振幅最大(波腹)时,$z_1 = \dfrac{2n\pi}{\beta} = n\lambda$;当合成波振幅最小(波节)时,$z_2 = \dfrac{(2n+1)\pi}{\beta} = (n+0.5)\lambda$。此时合成波振幅最大到合成波振幅最小(波腹到波节)的最短波程差为 $\lambda/2$,若此时可动金属板移动的距离为 ΔL,则 $2\Delta L = \lambda/2$,即 $\lambda = 4\Delta L$。可见,测得了可动金属板移动的距离 ΔL,便可确定电磁波的波长。

(2) 利用综合测量仪直接测量电磁波波长。

四、实验仪器

HD-CB-V电磁场电磁波数字智能实训平台:	1套
极化天线:	1副
金属反射板:	1块

有机玻璃板(选配)	1 块
电磁波传输电缆:	1 根
半波振子天线:	1 副
微安表头:	1 只
灯泡:	1 只

五、实验内容

1. 实验方法

(1) 用 SMA 连接电缆连接"输出口 2"和极化天线口，将电磁波信号输送到极化天线上。将感应天线滑至极化天线最左端，实施清零操作(液晶显示界面显示为 0.00)。

(2) 将设计制作的电磁波感应器半波天线——感应天线安装在可旋转支架上，先将其垂直放置，再将支臂滑块缓慢移到距离发射天线 25～30 cm 刻度处。

(3) 按下"发射"按钮，此时已有电磁波发射出来，灯泡被点亮(亮暗程度不一样)。

(4) 移动反射板，观察半波天线上的灯泡是否有明暗变化，如果没有或亮暗不明显，则将感应天线往极化天线方向移动少许距离，如果还没有明暗变化，则再检查天线及其他方面。

(5) 如果系统正常工作，则将反射板移动至感应器一端，实施清零操作，此时液晶界面显示为 0.00，继而由远至近移动可动反射板，使灯泡明暗变化，以灯泡明暗度判断波节(波腹)的出现。再由近至远移动反射板，并读取最初灯泡最亮时反射板位置的坐标 X_1 及灯泡最暗时反射板位置的坐标 X_2；继续测第二次灯泡最亮时反射板位置的坐标 X_1 及灯泡最暗时反射板位置的坐标 X_2；由最亮到最暗，再由最暗到最亮，如此反复，记下测得的最亮次数和其他对应的测量数。

例如，按下"发射"按钮，移动反射板，记录下灯泡最亮时的刻度值 X_1，继续向前移动灯泡，记录下灯泡最暗时的刻度 X_2，则 $2(X_1-X_2)=\dfrac{\lambda}{2}$，计算出电磁波波长 $\lambda=4(X_1-X_2)$。

(6) 换上检波装置，可观测指针是左右来回摆动的，分别记录下指针最大和最小时的距离值。多记录几组数据求得平均值，从而计算波长大小。

(7) 将金属反射板换成玻璃板，观测实验现象。

(8) 用综合测量仪直接测量电磁波波长。

① 用 N 型电缆直接将"输出口 1"连接至"功率频率检测口"。

② 在液晶界面上同时显示出发射功率及频率。

③ 已知电磁波发射源的频率 f，求得波长 $\lambda=\dfrac{C}{f}$，其中 C 为光速。这里的电磁波发射源频率为 900 MHz，则

$$\lambda = \frac{C}{f} = \frac{3\times10^8}{900\times10^6} = 0.33 \text{ m}$$

④ 电磁波波长也可由液晶界面波长计算公式直接计算得出。

2. 实验数据及结果

(1) 实验数据：

① 每次实验的感应器位置、波节 1 位置、波节 2 位置、波节个数、波长等数据。

② 利用电磁波干涉现象计算的平均波长数据。

③ 直接利用综合测试仪得到的波长数据。

(2) 实验结果：

① 每次实验测量到的相关参数。建议数据表格如表 3.5－1 所示。

表 3.5－1　本实验建议数据表格(1)

次数	感应位置/cm	波节 1/cm	波节 2/cm	波节个数/N	波长/cm	波长平均值/cm
1						
2						
3						
4						
...						

② 利用综合测量仪直接测量电磁波的波长。建议数据表格如表 3.5－2 所示。

表 3.5－2　本实验建议数据表格(2)

次数	检测口得到的频率/MHz	计算得到的波长/cm	液晶界面直接计算波长/cm
1			
2			
3			
...			

六、注意事项

(1) 按下机器供电开关，机器工作正常，按下"发射"按钮，绿色发射指示灯亮，说明发射正常。

(2) 滑动感应器及反射板应缓慢，切忌过快影响实验效果和读数。

(3) 测试感应器时，不能将感应灯过于靠近发射天线(置于 15 cm 以外，或视感应灯泡亮度而定)，否则会烧毁感应灯。

(4) 实验前，按规定执行清零操作，方便记录数值。

(5) 尽量减少按下"发射"按钮的时间，以免影响其他小组的测试准确性。

(6) 测试时尽量避免人员走动，以免人体反射影响测试结果。

(7) 为使得测量结果精确，建议多记录几组数据，求平均值后再计算波长。

七、报告要求

(1) 按照标准实验报告的格式和内容完成实验报告。

(2) 完成数据整理、运算与统计工作。

(3) 对实验中出现的各种现象进行分析和讨论,尤其要对实验误差产生的原因进行分析。

(4) 本项实验的心得与收获。

3.6 电磁波的极化特性测试实验

一、实验目的

(1) 了解电磁波的极化现象。

(2) 理解线极化、圆极化和椭圆极化三种电磁波的定义和产生的原因。

(3) 掌握线极化、圆极化和椭圆极化电磁波的特点。

(4) 研制具有极化特性的电磁波感应器并进行极化实验,分析实验结果与理论结果的关系。

(5) 通过实验加深对电磁波极化特性的理解和认识。

二、预习要求

(1) 什么是电磁波的极化,它有什么特点?

(2) 了解各种常用天线的极化特性。

(3) 天线特性与发射或接收电磁波的极化特性之间有什么关系?

三、实验原理

我们知道,电磁波的电场强度、磁场强度和传播方向相互垂直,遵循右手螺旋规律。电场强度的幅值和方向(取向)会随时间而变化,这种现象在光学中称为光的偏振,在电磁场理论中称为极化。如果这种变化有确定的规律性,则电磁波称为极化电磁波,简称极化波。由于电磁波中的磁场与电场具有一定的关系,因此一般只用电场强度的矢端在空间任意点上随时间变化的轨迹来描述电磁波的极化。

假设在垂直于传播方向 $+z$ 的横截面上有频率相同的电场强度分量 $\boldsymbol{E}_x$ 和 $\boldsymbol{E}_y$ 同时存在,它们的振幅和相位均不相同,在 $z=0$ 的定点位置电场强度分量 $\boldsymbol{E}_x$ 和 $\boldsymbol{E}_y$ 为

$$\begin{cases} \boldsymbol{E}_x(z,\,t) = \boldsymbol{e}_x E_{xm}(z)\cos(\omega t + \varphi_x(z)) \\ \boldsymbol{E}_y(z,\,t) = \boldsymbol{e}_y E_{ym}(z)\cos(\omega t + \varphi_y(z)) \end{cases} \qquad (3.6-1)$$

合成电场强度为

$$\boldsymbol{E}(z,\,t) = \boldsymbol{e}_x E_x(z,\,t) + \boldsymbol{e}_y E_y(z,\,t) \qquad (3.6-2)$$

由于 $\boldsymbol{E}_x$ 和 $\boldsymbol{E}_y$ 的振幅和相位均不相同,因此在空间任意点上合成电场强度的大小和方向都随时间变化,这种现象称为电磁波的极化。电场强度的方向随时间变化的规律称为电磁波的极化特性,它用电场强度矢量的端点随时间变化的轨迹来描述。如果极化电磁波的电场强度始终在垂直于传播方向的(横)平面内取向,其电场矢量的端点沿一闭合轨迹移

动，则这一极化电磁波称为平面极化波。

天线的极化就是指天线辐射时形成的电场强度方向。当电场强度方向垂直于地面时，此电波就称为垂直极化波；当电场强度方向平行于地面时，此电波就称为水平极化波。由于电波的特性，决定了水平极化传播的信号在贴近地面时会在大地表面产生极化电流，极化电流因受大地阻抗影响产生热能而使电场信号迅速衰减，而垂直极化方式则不易产生极化电流，从而避免了能量的大幅衰减，保证了信号的有效传播。因此，在移动通信系统中，一般均采用垂直极化的传播方式。

电磁波的极化是电磁场与电磁波理论中一个重要的概念。根据电场强度矢量 E 的端点在空间的轨迹方式（线、圆和椭圆）可得电磁波的极化方式有三种：线极化、圆极化和椭圆极化。

极化波都可看成由两个同频率的直线极化波在空间的合成，如图 3.6-1 所示。两线极化波沿正 z 方向传播，一个的极化取向在 x 方向，另一个的极化取向在 y 方向。若 x 在水平方向，y 在垂直方向，则这两个波就分别为水平极化波和垂直极化波。

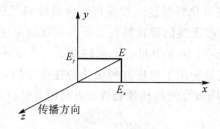

图 3.6-1 极化波的合成

当电场强度 E_x 和 E_y 的相位相等或相差 $\pm\pi$，即 $\varphi_x = \varphi_y = \varphi_0$ 或 $\varphi_x - \varphi_y = \pm\pi$ 时，则合成波电场的大小随时间作正弦（或余弦）变化，但其矢端轨迹与 x 轴的夹角始终保持不变，其轨迹为一条直线，故称为线极化。两个分量 E_x 和 E_y 的相位相等时，线极化的轨迹是位于直角坐标系第一、三象限的直线；相位相差 $\pm\pi$ 时，线极化的轨迹是位于直角坐标系第二、四象限的直线。同理，任一线极化波可以分解为两个相位相同或相差为 $\pm\pi$ 的空间相互正交的线极化波。

当电场强度 E_x 和 E_y 的幅度相等，即 $E_{xm} = E_{ym}$，相位相差 $\pm\pi/2$，即 $\varphi_y - \varphi_x = \pm\pi/2$ 时，则合成波电场的大小不随时间改变，但其矢端轨迹与 x 轴的夹角 α 却随时间变化，其轨迹为以角速度 ω 旋转的圆，故称为圆极化。当两个电场分量的相位 $\varphi_y - \varphi_x = \pi/2$，且时间 t 增加时，夹角 α 不断地减小，合成波矢量端点沿顺时针旋转，其旋转方向与传播方向构成左旋关系，故这种圆极化波称为左旋圆极化波。当两个电场分量的相位 $\varphi_y - \varphi_x = -\pi/2$，且时间 t 增加时，夹角 α 不断地增大，合成波矢量端点沿逆时针旋转，其旋转方向与传播方向构成右旋关系，故这种圆极化波称为右旋圆极化波。同理，一个圆极化波可以分解为两个振幅相等，相位相差 $\pm\pi/2$ 的空间相互正交的线极化波。还可证明，一个线极化波也可以分解为两个旋转方向相反的圆极化波，反之亦然。

当电场强度 E_x 和 E_y 的幅度和相位都不相等时，合成波电场的大小和方向都随时间改变，其端点在一个椭圆上旋转，这种平面波称为椭圆极化波。当两个电场分量的相位差 $0 < \varphi < \pi$ 时，合成场的矢量沿顺时针旋转，它与传播方向形成左旋关系，故称为左旋椭圆极

化波。当两个电场分量的相位差$-\pi<\varphi<0$时，合成场的矢量沿逆时针旋转，它与传播方向形成右旋关系，故称为右旋椭圆极化波。同理，一个椭圆极化波也可以分解为两个振幅、相位均不相同的空间相互正交的线极化波。也可证明，一个线极化波可以分解为两个旋转方向相反的椭圆极化波，反之亦然。线极化波、圆极化波均可看作椭圆极化波的特殊情况。

实验中设计的半波振子接收(发射)的波为线极化波，而最常用的接收(发射)圆极化波或椭圆极化波的天线即为螺旋天线。实际上一般螺旋天线在轴线方向不一定产生圆极化波，其产生的是椭圆极化波。当单位长度的螺圈数N很大时，发射(接收)的波可看作是圆极化波。

特别需要注意的是极化波旋转方向问题。右旋螺旋天线只能发射或接收右旋圆或椭圆极化波，左旋螺旋天线只能发射或接收左旋圆或椭圆极化波。判断方法是：沿着天线辐射方向，当天线的绕向符合右手螺旋定则时，为右旋圆极化，反之为左旋圆极化。

电磁波的极化特性在实际工程中具有非常广泛的实际应用。如由于圆极化波穿过雨区时受到的吸收衰减较小，全天候雷达一般宜采用圆极化波；在雷达目标探测中，利用目标对电磁波散射过程中可改变极化特性这一性质可实现目标的识别；在无线通信中，为了有效地接收电磁波的能量，接收天线的极化特性必须与被接收电磁波的极化特性一致；在卫星通信和卫星导航定位系统中，由于卫星姿态随时变更，应该使用圆极化电磁波。在微波设备中，有些器件的功能就是利用了电磁波的极化特性获得的，如铁氧体环行器及隔离器等。在光学工程中，根据不同极化波的传播特性，可利用复合材料设计光学偏振片等。

四、实验仪器

HD－CB－Ⅴ电磁场电磁波数字智能实训平台： 1套
水平极化天线： 1副
垂直极化天线： 1副
螺旋天线(圆极化)： 1副
电磁波传输电缆： 1根
微安表： 1只
灯泡： 1只

五、实验内容

1. 制作螺旋天线

(1)取一段铜丝，截取一个波长的铜丝完成螺旋形状设计。

(2)将铜丝两端的漆刮掉，保持良好导电。

(3)将天线安装到转盘(转盘上装有发光二极管或感应灯泡)上，就完成了螺旋天线的制作。

2. 电磁波极化特性实验

(1)将一副发射极化天线架设在发射支架上，连接好发射电缆，开启实验平台开关，将"输出口2"连接到极化天线上。按下"发射"按钮，绿色指示灯亮，代表正常工作。

(2)将制作的线极化螺旋天线安装在测试支架上，分别设置成垂直、水平、斜45°三种位置，按下"发射"按钮，并移动感应器滑块，观察灯泡达到同等亮度时与发射天线的距离，并记录数据。

（3）更换不同的发射天线类型，重复以上步骤，记录测试数据。

（4）分析实验数据，判断各发射天线发出的电磁波的极化形式。

（5）接检波装置，旋转感应器旋转盘，观测不同极化时的检波电流大小（选做画出天线的方向图）。

3. 实验数据及结果

（1）实验数据：

① 水平极化、垂直极化、圆极化发射天线下，电磁波感应器分别设置成垂直、水平、斜45°三种位置下，灯泡同等亮度时与发射天线的距离数据。

② 不同极化时的检波电流大小数据。

（2）实验结果：

① 采用不同极化特性的发射天线进行实验，记录灯泡同等亮度时灯泡与发射天线之间的距离。建议数据表格如表 3.6-1 所示。

表 3.6-1　本实验建议数据表格(1)

发射天线形式	距离/cm		
	水平	垂直	45°
水平极化天线			
垂直极化天线			
螺旋天线（圆极化）			
八木天线			
半波天线			
...			

② 不同极化时的检波电流大小。建议数据表格如表 3.6-2 所示。

表 3.6-2　本实验建议数据表格(2)

发射天线	电流/μA									
	1	10	20	30	40	50	60	70	80	90
水平极化										
垂直极化										
圆极化										
...										

六、注意事项

(1) 按下机器供电开关，机器工作正常，按下功率"发射"按钮，发射指示灯亮，且液晶界面显示发射状态，说明发射正常。

(2) 滑动感应器及反射板应缓慢，切忌滑动过快而影响实验效果和读数。

(3) 测试感应器时，不能将感应灯过于靠近发射天线(置于 15 cm 以外，或视感应灯亮度而定)，否则会烧毁感应灯。

(4) 实验前，按规定执行清零操作，方便读数记录。

(5) 避免与相邻小组同时按下"发射"按钮，尽量减少按下"发射"按钮的时间，以免相互影响测试准确性。

(6) 测试时尽量避免人员走动，以免人体反射影响测试结果。

七、报告要求

(1) 按照标准实验报告的格式和内容完成实验报告。

(2) 完成数据整理、运算与统计工作。

(3) 依据实验数据，分析电磁波的极化形式。

(4) 讨论电磁波不同极化收发的规律。

(5) 本项实验的心得与收获。

3.7 电磁波的 PIN 调制特性测试实验

一、实验目的

(1) 了解 PIN 调制器的原理。

(2) 了解调制后的输出波形。

二、预习要求

(1) 什么是 PIN 二极管？它有什么特点？一般用于做什么微波器件？

(2) 什么是 PIN 调制器？它有什么特点？

(3) 了解 PIN 调制器的应用。

三、实验原理

PIN 二极管(简称 PIN 管)是微波控制器件，当其处于正偏和反偏时，可使电路呈现近似短路和开路的状态，它广泛应用于 PIN 开关、PIN 调制器、PIN 移向器当中。PIN 管良好的开关特性及正偏控制下电导的可调制性，在脉冲调制方面得到了广泛的应用。用 PIN 管做成的调制器，具有频带宽、驻波小、插损低、响应快、动态范围大的优点。

四、实验仪器

HD－CB－Ⅴ 电磁场电磁波数字智能实训平台：　　　　1 套

PIN 调制器: 1 个

连接线: 若干

五、实验内容

1. 实验方法

(1) 将方波输出连接至示波器,调节输出波形幅度,使其峰峰值为 3~5 V。

(2) 将 RF 信号从"输出口 1"通过 SMA 电缆输出。

(3) 准备好调制器,将方波送至"方波入",RF 信号送至"RF 输入"。

(4) 连接示波器观察调制输出波形,连接示意图如图 3.7-1 所示。

图 3.7-1　本实验的连接示意图

(5) 输出波形可接天线发射出去(作为天线方向图发端的已调发射信号)。

2. 实验数据及结果

(1) 实验数据:不同功率的 RF,引起的调制信号数据。

(2) 实验结果:测量不同功率的 RF 下的调制输出信号。

六、注意事项

(1) 各个连接口正确后再开机。

(2) RF 信号功率开始时尽量小,然后逐渐增大到一定的幅度即可。

七、报告要求

(1) 按照标准实验报告的格式和内容完成实验报告。

(2) 完成数据处理工作。

(3) 对实验结果进行分析。

(4) 本项实验的心得与收获。

(5) 思考与设想。

3.8　反射系数及驻波相位的测试实验

一、实验目的

(1) 掌握微波传输理论及驻波的产生情况。

(2) 掌握反射系数及驻波相位的计算方法。

二、预习要求

(1) 了解驻波曲线的分布状态。

(2) 如何改善驻波?

(3) 如何提高测试精度?

三、实验原理

如果负载阻抗与传输线特性阻抗不匹配,则终端负载会产生反射波。当入射波与反射波并存时,传输线中即有驻波存在。驻波示意图如图 3.8-1 所示。

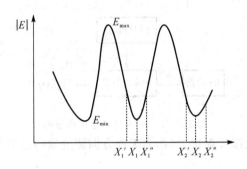

图 3.8-1　驻波示意图

如图 3.8-1 所示,行驻波的电压波腹点 $E_{\max}$ 和电压波节点 $E_{\min}$ 之间即为半个波长。已知终端负载的反射波 E^- 和入射波 E^+ 之比称为终端反射系数,即 $\Gamma = E^- / E^+$。由于在槽线中可测出 $\rho = E_{\max} / E_{\min} = (1 + |\Gamma|)/(1 - |\Gamma|)$,因此利用驻波测量槽线可测出沿线驻波分布情况。

四、实验仪器

HD-CB-V 电磁场电磁波数字智能实训平台:	1 套
万用表:	1 只(用户自配)
检波器:	1 只
同轴电缆:	1 套
测量线:	1 套(选配)
隔离器(选配):	1 只(选配)
短路块:	1 只(选配)

五、实验内容

1. 实验方法

(1) 微波信号源经同轴传输线直接输送至负载上。

(2) 在槽线中测出最大电场 $E_{\max}$ 和最小电场 $E_{\min}$ 的驻波比 ρ。

(3) 根据驻波比 ρ 与反射系数关系计算出终端反射系数。

（4）驻波相位 L_{min} 测量的实验步骤

① 将测驻波的测试负载断开，改接短路器。

② 将隔离器接入同轴测量线输入端。

③ 在负载端方向移动探针，寻找电流最小点，记下刻度尺寸，记为 L_1。然后将短路器改接测试负载，慢慢将探针向微波源方向移动至电流最小点，记下刻度尺寸，记为 L_2，可得出 $L_{min} = |L_2 - L_1|$，由此计算出驻波相位 L。

2. 实验数据及结果

（1）实验数据：

① 几组相邻的最大电场 E_{max} 和最小电场 E_{min}。

② 负载端为短路器时的电流最小点位置；负载端为测试负载时的电流最小点位置。（几组次测量数据）

（2）实验结果：

① 几组最大电场 E_{max} 和最小电场 E_{min} 之比的驻波比 ρ 及其平均值。

② 由几组驻波比 ρ 得到的终端反射系数及其平均值。

③ 由负载端分别为短路器、测试负载时的电流最小点位置得到的驻波相位 L 及其平均值。

六、注意事项

末端接短路器时，必须在输入端加上隔离器。

七、报告要求

（1）按照标准实验报告的格式和内容完成实验报告。

（2）完成数据处理工作。

（3）对实验结果进行分析。

（4）本项实验的心得与收获。

（5）思考与设想。

3.9　天线方向图测试实验（1）

一、实验目的

（1）了解八木天线的基本原理。

（2）了解天线方向图的基本原理。

（3）用功率测量法测试天线方向图以了解天线的辐射特性。

二、预习要求

（1）熟悉天线的理论知识。

（2）熟悉功率计的测试方法。

三、实验原理

八木天线是由一个有源半波振子、一个或若干个无源反射器和一个或若干个无源引向器组成的线形端射天线。八木天线有很好的方向性,较偶极天线有高的增益,用它来测向、远距离通信效果特别好。

方向图是表征表示场强对方位角变化的极性图形,在本实验中,接收端用功率计来测量接收天线的辐射特性。

本实验的连接示意图如图 3.9 - 1 所示。

图 3.9 - 1 本实验的连接示意图

四、实验仪器

HD - CB - Ⅴ电磁场电磁波数字智能实训平台: 1 套

八木天线: 2 副

电磁波传输电缆: 2 根

五、实验内容

1. 实验方法

首先将八木天线分别固定到支架上,并平放至标尺上,距离保持在 1 m 以上。

(1)发射端:

① 将八木天线固定在发射支架上。

② 将"输出口 1"连接至发射的八木天线。

③ 电磁波经定向八木天线向空间发射。

(2)接收端:

① 将接收端天线连接至"频率功率检测",测量接收功率。

② 调节发射与接收天线距离,使其满足远场条件。

③ 将两根天线正对保持 0°。

④ 记录下天线的接收功率值。

⑤ 转动接收天线,变换接收天线角度,记录下天线接收功率值。

⑥ 旋转 360°后,记录下转动角度值及相应角度下接收天线功率值。

2. 实验数据及结果

(1)实验数据:天线转动不同角度和对应的接收功率数据。

(2)实验结果:

① 天线转动不同角度和对应的接收功率,填入表 3.9 - 1。

表 3.9 - 1 天线方向图测试记录表

天线转动角度/(°)	接收天线功率值/dBm	天线转动角度/(°)	接收天线功率值/dBm
0		—0	
10		—10	
20		—20	
30		—30	
40		—40	
50		—50	
60		—60	
70		—70	
80		—80	
90		—90	
100		—100	
110		—110	
120		—120	
130		—130	
140		—140°	
150		—150	
160		—160	
170		—170	
180			

② 作图,画出等功率图。其中,最大圈为 0 dBm,其他圈以—3 dBm 依次递减。

③ 用打点法在图中标出每个点的位置,通过连接不同角度下的每个功率点绘出天线的主瓣及旁瓣,天线方向图如图 3.9 - 2 所示。

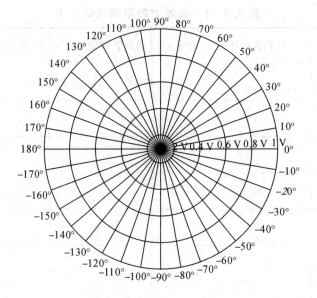

图 3.9 - 2 天线方向图

六、注意事项

(1) 设置好方向后，无须按"发射"按钮(此时选择小功率发射)。

(2) 发射时避免人员走动，以减少实验误差。

(3) 天线之间距离保持在 1 m 以上。

七、报告要求

(1) 按照标准实验报告的格式和内容完成实验报告。

(2) 完成数据处理工作。

(3) 对实验结果进行分析。

(4) 本项实验的心得与收获。

(5) 思考与设想。

3.10 天线方向图测试实验(2)

一、实验目的

(1) 了解天线方向图的基本原理。

(2) 用电磁波测量了解天线的特性。

二、预习要求

(1) 熟悉天线的理论知识。

(2) 了解反映天线辐射特性的天线方向图。

(3) 了解八木天线和微波天线。

（4）了解 PIN 调制器、选频放大器及其应用。

三、实验原理

天线是一种变换器，它把传输线上传播的导行波变换成在无界媒介中传播的电磁波，或者进行相反的变换。在无线电设备中用来发射或接收电磁波的部件都依靠天线来进行工作。

天线的方向图反映了天线的辐射特性，一般情况下，天线的方向图表示天线辐射电磁波的功率或场强在空间各个方向的分布图形，对不同用途的天线有不同方向图。本实验重点讨论八木天线的测试方法。八木天线由一个有源振子、一个无源反射器和若干个无源引向器平行排列而成的端射式天线构成，它有很好的方向性，较偶极天线有高的增益。

1. 连接电路

（1）"输出口 1"端口的电磁波送至 PIN 调制器的"RF 输入"，"1 kHz 方波输出"连接至调制器"方波输入"端，"RF 输出"端输出已调波。将已调制波连接八木天线发射。

（2）接收端八木天线接收的信号，送至检波器，经检波后还原出方波，此时方波幅度过小，将主机后面开关切换至"选频输入"，再送至"信号输入"端，看指针的偏转。

2. 实验原理

经 PIN 调制之后的信号如图 3.10 - 1 所示。

图 3.10 - 1　经 PIN 调制之后的信号

通过天线接收的还是射频信号，必须通过检波器进行检波，检出方波信号，再将检出的微弱方波信号送至选频放大器后进行放大。天线的方向决定了选频放大器的示数。

四、实验仪器

HD - CB - Ⅴ 电磁场电磁波数字智能实训平台：　　1 套

八木天线：　　1 副

微波天线：　　1 副

PIN 调制器：　　1 个

连接线：　　若干

五、实验内容

1. 实验方法

（1）准备好一对八木天线或抛物面天线、PIN 调制器、测试接头和连接线。

（2）"输出口 1"端为输出载波信号，"1 kHz 方波"为调制信号，将两路信号接入 PIN 调制器输入端（如条件允许，可在 RF 信号输入端加隔离器）。

（3）隔离器参数为：正向插损：小于 0.5 dB、隔离度大于 20 dB、频段为 750 MHz～1 GHz，输入/输出端驻波比小于 1.1。

(4) 输出端连接至发射天线 1，另一端连接接收天线 2，接收信号为调制信号(待检波)。

(5) 连接检波器，检波信号连接至测试系统"信号输入端"。

(6) 此时表针发生偏转，设置两个天线相对，方向为 0°，调节"放大 dB 数"和"增益"旋钮，使其刻度满偏，记录下实验数值。

(7) 转动刻度为 10°、−10°、20°、−20°…，依次记录数值直至 180°和−170°。

(8) 采用取点法绘制出测试天线的方向图。

2. 实验数据及结果

(1) 实验数据：天线转动不同角度和对应的接收天线检波电压值数据。

(2) 实验结果：

① 天线转动不同角度和对应的接收天线检波电压值，填入表 3.10 - 1。

表 3.10 - 1　天线转动不同角度和对应的接收天线检波电压值记录表

天线转动角度/(°)	接收天线检波电压值/V	天线转动角度/(°)	接收天线检波电压值/V
0		−0	
10		−10	
20		−20	
30		−30	
40		−40	
50		−50	
60		−60	
70		−70	
80		−80	
90		−90	
100		−100	
110		−110	
120		−120	
130		−130	
140		−140	
150		−150	
160		−160	
170		−170	
180			

② 作图，画出等功率图。其中，最大圈为 0 dBm，其他圈以 −3 dBm 依次递减。

③ 用打点法在图中标出每个点的位置，连接不同角度下的每个电压值点绘出天线方向图，如图 3.9 − 2 所示。

六、注意事项

（1）从理论上讲，天线的测试应在密闭的暗室里进行，才能达到最佳效果。测试期间应防止外界信号的干扰，尤其当天线频段在手机频段附近时，因为手机的使用会对测试结果产生较大的影响；同时应避免人员来回走动。

（2）两测试天线距离应保持在 1~3 m。

（3）两测试天线应首先设置好 0°，因为此时的辐射是最强的，调节选频放大器"调谐"旋钮，使刻度尽量满偏。

（4）转动天线角度，记录角度，同时记录选频放大器的放大示数。

（5）绘制表格，参照表 3.10 − 1 画出方向图。

七、报告要求

（1）按照标准实验报告的格式和内容完成实验报告。

（2）完成数据处理工作。

（3）对实验结果进行分析。

（4）本项实验的心得与收获。

（5）思考与设想。

第四章　微波技术仿真实验

4.1　微带分支线匹配器特性测试实验

一、实验目的

(1) 掌握分支线匹配器的匹配原理。

(2) 了解微带线的工作原理和实际应用。

(3) 掌握 ADS 软件的 Smith Chart Utility Tool 工具和 Line Calc 工具的使用。

(4) 掌握 Smith 图解法设计微带线匹配网络。

(5) 能够设计出满足指标要求的微带分支线匹配器。

二、预习要求

(1) 了解分支线匹配器的匹配原理。

(2) 了解微带线的工作原理和实际应用。

(3) 了解 ADS 软件的基本使用。

三、实验原理

1. 支节匹配器

由于微波电路工作频率在 GHz 范围，且相应波长较小，因此微波信号通过传输线时将产生分布参数效应，此时传输线上的电流或者电压将沿线以波动的形式变化，一般情况下由入射波和反射波叠加而成。在微波射频电路中，当负载与传输线不匹配时，就会有反射波，导致功率传输的效率非常低。当发生全反射时，信号就不能进入下一级元器件，微波电路也就无法正常工作。因此，为了使微波电路或系统无反射，即使传输线工作在行波或者尽量接近行波的状态下，通常在负载和传输线之间引入阻抗匹配技术，其实质是利用补偿原理，即由可调的匹配器产生一个合适的附加反射波，它与负载阻抗所产生的反射波在指定的参考面上等幅而反相，从而相互抵消，相当于传输线在此参考面上与一个等效匹配负载相连。常用的阻抗匹配器有支节匹配器、四分之一波长阻抗变换器、指数线匹配器等。

支节匹配器是在主传输线上串并联适当的短截线，利用附加反射波来抵消主传输线上的原有反射波，以达到阻抗匹配的目的。支节匹配器分为单支节、双支节和三支节匹配器。图 4.1-1 给出了常用的单支节和双支节匹配方式。

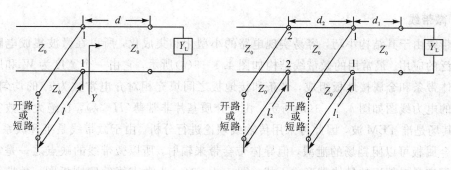

(a) 单支节匹配器　　　　　　　(b) 双支节匹配器

图 4.1 - 1　支节匹配器原理

在图 4.1 - 1(a)中，Y_L 为任意负载的导纳，Z_0 为主传输线和串联或者并联短截线的特性阻抗，d 为负载到分支线的距离，l 为开路或短路分支线的长度，Y 为从 1—1 参考面看向负载方向的输入导纳。

为了采用单支节技术实现阻抗匹配，需在输入导纳（或者阻抗）等于传输线特征导纳（或者阻抗）的参考面并联（或者串联）短截线，因此可调参量 d 选在输入导纳（或者阻抗）等于传输线特征导纳（或者阻抗）的位置处，即 $Y = 1/Z_0 + jB$，可调参量 l 需提供电纳为 $-jB$，进而由该电纳值确定并联开路或短路分支线的长度 l，这样就可达到匹配条件。

为了克服单支节匹配器支节距离 d 需要改变的不足，通过增加一支节（两个支节的距离固定，通常为 $\lambda/8$、$\lambda/4$ 或 $3\lambda/8$），引入了双支节匹配器，此时只需调节两个分支线长度，就能够达到匹配（注意匹配禁区）。

图 4.1 - 1(b)为双支节匹配器，其中 Z_0 为主传输线和并联短截线的特性阻抗，d_1、d_2 分别为负载到两个分支线的距离（其中 $d_2 = \lambda/8$），l_1、l_2 分别为两个分支线的长度。在不计第二个并联支节的电纳情况下，从 2—2 参考面向右看入的归一化导纳需为 $y_{d2} = 1 + jb_{d2}$，并确定 l_2 的长度来抵消 jb_{d2} 而实现阻抗匹配。接下来，由 y_{d2} 在 Smith 圆图上的位置向负载方向旋转 $90°$ 而成为图 4.1 - 2 所示的辅助圆，并通过调节 l_1 使 1—1 参考面的归一化导纳落在辅助圆上。

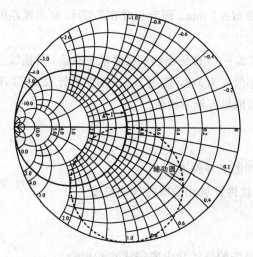

辅助圆

图 4.1 - 2　双支节匹配器的 Smith 圆图

2. 微带线

微带线由于其结构小巧，容易实现电路的小型化和集成化，所以在微波集成电路中获得了广泛的应用。最常用的微带线结构如图 4.1-3(a)所示，它由一个宽度为 W 和厚度为 T 的导体带条和金属接地板组成，带条和接地板之间填充相对介电常数为 ε_r 的均匀介质。微带线的电力线图如图 4.1-3(b)所示，由于介质基片非常薄($H \ll \lambda$)，在绝大多数实际应用中，其场是准 TEM 波，因此可采用传输线理论进行分析。由于微带线是半开放系统，虽然接地金属板可以阻挡场的泄漏，但导体带会带来辐射，所以微带线的缺点之一是它有较高损耗而容易对邻近的导体带形成干扰。图 4.1-3(c)为微带线的印刷板图。微带线的特性阻抗与其等效介电常数为 ε_r、基片厚度 H 和导体宽度 W 有关，具体计算公式较为复杂，此处不再介绍。

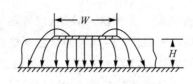

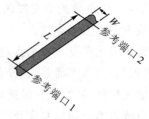

(a) 微带线结构　　　　　(b) 微带线的电力线图　　　　　(c) 微带线的印刷板图

图 4.1-3　微带传输线

四、实验仪器

计算机：　　　　　　1 台
ADS 软件：　　　　　1 套

五、实验内容

(1) 已知：输入阻抗 $Z_{in}=75\ \Omega$，负载阻抗 $Z_L=64+j75\ \Omega$，特性阻抗 $Z_0=75\ \Omega$，介质基片特性 $\varepsilon_r=2.55$，厚度 $H=1\ \text{mm}$。假定负载在 2 GHz 时实现匹配，利用 Smith 圆图设计微带线单支节匹配网络。

(2) 已知：特性阻抗 $Z_0=75\ \Omega$ 传输线端接终端负载后，传输线上电压驻波比 VSWR=3，负载距离最近的电压最小值点为 $\lambda/8$，使用 Smith 圆图设计双支节匹配(并联短路支节线)，间距为 $3\lambda/8$，要求并联支节取尽可能小的值。

六、注意事项

(1) 合理选择阻抗圆图和导纳圆图。
(2) 采用 TXLINE 软件计算相应微带线的宽度。

七、报告要求

(1) 按照标准实验报告的格式和内容完成实验报告。
(2) 完成数据整理、计算和绘图工作。

（3）对仿真实验中的各种现象进行分析和讨论。

（4）本项实验的心得与收获。

4.2 四分之一波长阻抗变换器特性测试实验

一、实验目的

（1）掌握四分之一波长阻抗变换器的工作原理。

（2）掌握四分之一波长阻抗变换器的工作带宽与反射系数的关系。

（3）掌握 ADS 软件的 Smith Chart Utility Tool 工具和 LineCalc 工具的使用。

（4）能够设计出满足指标要求的四分之一波长阻抗变换器。

二、预习要求

（1）了解四分之一波长阻抗变换器的工作原理。

（2）了解 ADS 软件的 Smith Chart Utility Tool 工具和 LineCalc 工具的使用。

三、实验原理

作为微波电路设计中最为基础，也最重要的匹配元件之一。四分之一波长变阻器不仅可以用于负载阻抗或信号源内阻与传输线的匹配，以保证最大功率的传输，还可用于两段不同特性阻抗的微带线无反射连接。为了便于说明四分之一波长阻抗变换器的匹配原理，这里以负载匹配为例进行阐述，并假设传输线为无耗传输线。

1. 负载为纯电阻

图 4.2-1 为负载阻抗是纯电阻的四分之一波长阻抗变换器，它是在传输线与负载之间插入一段长度为 $\lambda/4$、特性阻抗为 Z_{01} 的无耗平行双导线，其中 $R_L(R_L \neq Z_0)$ 为负载阻抗，Z_0 为主传输线的特性阻抗 Z_0，Z_{in} 和 Γ_{in} 分别为从 1—1 参考面看向负载方向的输入阻抗和反射系数。

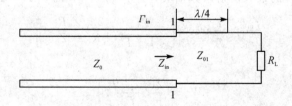

图 4.2-1　负载为纯电阻的四分之一波长阻抗变换器

由于整个设计仅有一个可变参量，即特性阻抗 Z_{01}，因此匹配的核心任务是选择合适的 Z_{01}。根据传输线理论，1—1 参考面的输入阻抗为

$$Z_{in} = \frac{Z_{01}^2}{R_L} \tag{4.2-1}$$

根据传输线匹配原理，$Z_{in} = Z_0$，可得

$$Z_{01} = \sqrt{Z_0 \cdot R_L} \qquad (4.2-2)$$

由式(4.2-2)可知，当四分之一波长阻抗变换器的特性阻抗选为 $Z_{01} = \sqrt{Z_0 \cdot R_L}$ 时，图 4.2-1 所示的传输线无反射，即 $\Gamma_{in} = 0$。由于 Z_0、Z_{01}、R_L 均为实数，因此该思路一般用来匹配纯电阻性负载。

已知波长与频率成反比，对于工作在 f_0 的四分之一波长匹配电路，当频率 f 变化时，相应的波长也要发生变化，此时电路的匹配将被破坏，主传输线上的反射系数将增大，因此 $\lambda/4$ 变阻器的通带带宽很窄。

当 $f \neq f_0$ 时，1—1 两端的输入阻抗为

$$Z_{in} = Z_{01} \frac{R_L + jZ_{01} \tan \frac{\pi}{2} \left(\frac{f}{f_0} \right)}{Z_{01} + jR_L \tan \frac{\pi}{2} \left(\frac{f}{f_0} \right)} \qquad (4.2-3)$$

其中，$\beta = \dfrac{2\pi f}{c}$，$\beta$ 为相位常数，c 为光速，$l = \dfrac{\lambda_0}{4} = \dfrac{c}{4f_0}$ 为负载与 1—1 参考面的距离。

由于

$$\Gamma = \frac{Z_{in} - Z_0}{Z_{in} + Z_0} \qquad (4.2-4)$$

可得反射系数大小为

$$|\Gamma| = \frac{\left| \dfrac{R_L}{Z_0} - 1 \right|}{\sqrt{\left(\dfrac{R_L}{Z_0} + 1 \right)^2 + 4 \left(\dfrac{R_L}{Z_0} \right) \tan^2 \left(\dfrac{\pi}{2} \cdot \dfrac{f}{f_0} \right)}} \qquad (4.2-5)$$

已知

$$f_0 = \frac{f_1 + f_2}{2} \qquad (4.2-6)$$

$$W_q = \frac{f_1 - f_2}{f_0} \qquad (4.2-7)$$

其中，W_q 为相对带宽，f_1 和 f_2 分别为上下限频率。

假设 Γ_m 为可容许的最大反射系数幅值，当 $f = f_1 = f_m$ 时，$|\Gamma| = \Gamma_m$，则可得

$$\frac{f_m}{f_0} = \frac{2}{\pi} \arccos \left[\frac{\Gamma_m}{\sqrt{1 - \Gamma_m^2}} \frac{2\sqrt{Z_0 R_L}}{|R_L - Z_0|} \right] \qquad (4.2-8)$$

此时 W_q 近似为

$$W_q \approx \frac{2(f_0 - f_m)}{f_0} \qquad (4.2-9)$$

再将式(4.2-8)代入式(4.2-9)得

$$W_q = 2 - \frac{4}{\pi} \arccos \left[\frac{\Gamma_m}{\sqrt{1 - \Gamma_m^2}} \frac{2\sqrt{Z_0 Z_L}}{|R_L - Z_0|} \right] \qquad (4.2-10)$$

2. 负载为复阻抗

对于负载为复阻抗的匹配而言，可有两种四分之一波长阻抗匹配器的设计思想。

如图 4.2-2 所示，第一种匹配电路由一段长度为 $\lambda/4$、特性阻抗为 Z_{01} 的传输线和一

段长度为 l、特性阻抗为 Z_0 终端开路（或者短路）的并联均匀无耗传输线构成。其中，Z_s 为从 1—1 参考面看向并联传输线的输入阻抗，Z_{in} 为从 2—2 参考面看向负载的输入阻抗，Z_L 为负载的复阻抗。工作时并联传输线抵消负载的导纳，使得阻抗变换器的终端转换为纯电阻，并利用 $\lambda/4$ 传输线实现纯电阻的电路匹配。

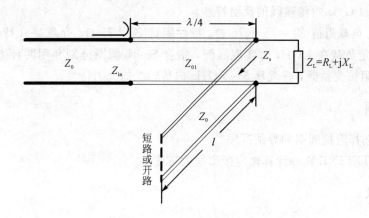

图 4.2 - 2　负载为复阻抗时 $\dfrac{\lambda}{4}$ 变换器

由于终端电路为并联，因此对负载求导纳为

$$\frac{1}{Z_L} = \frac{1}{R_L + jX_L} = \frac{R_L}{R_L^2 + X_L^2} + \frac{-jX_L}{R_L^2 + X_L^2} \tag{4.2-11}$$

以终端开路为例，并联传输线的输入阻抗为

$$\frac{1}{Z_s} = \frac{j\tan\beta l}{Z_0} \tag{4.2-12}$$

式中 j 为虚数因子，β 为相位常数。要使 $\lambda/4$ 阻抗变换器的终端为纯电阻，则可得

$$\frac{1}{Z_s} = \frac{j\tan\beta l}{Z_0} = -\operatorname{Im}\left(\frac{1}{Z_L}\right) = \frac{jX_L}{R_L^2 + X_L^2} \tag{4.2-13}$$

解得

$$l = \frac{1}{\beta}\operatorname{arccot}\frac{X_L}{Z_0(R_L^2 + X_L^2)} \tag{4.2-14}$$

此时，将式（4.1-13）代入式（4.2-10），可得

$$\frac{1}{Z_L} = \frac{1}{R_L + jX_L} = \frac{R_L}{R_L^2 + X_L^2} \tag{4.2-15}$$

式（4.2-14）表明抵消了负载 Z_L 的电抗部分。

由 $Z_{in} = Z_0$，可得

$$Z_{01} = \sqrt{Z_0 \cdot \frac{R_L^2 + X_L^2}{R_L}} \tag{4.2-16}$$

四、实验仪器

计算机：　　　　　1 台

ADS 软件：　　　　1 套

五、实验内容

(1) 已知：负载阻抗 $Z_L = 75\ \Omega$，特性阻抗 $Z_0 = 75\ \Omega$；介质基片特性 $\varepsilon_r = 2.55$，$H = 1\ \text{mm}$。假定负载在 3 GHz 时实现匹配，结合 Smith 圆图设计四分之一波长微带阻抗变换器，并观察 2～4 GHz 内传输线的反射特性。

(2) 已知：负载阻抗 $Z_L = 75 + \text{j}75\ \Omega$，特性阻抗 $Z_0 = 75\ \Omega$；介质基片特性 $\varepsilon_r = 2.55$，$H = 1\ \text{mm}$。假定负载在 4 GHz 时实现匹配，结合 Smith 圆图分别利用两种方法设计四分之一波长微带阻抗变换器，并观察 3～5 GHz 内传输线的反射特性。

六、注意事项

(1) 合理选择阻抗圆图和导纳圆图。

(2) 采用 TXLINE 软件计算相应微带线的宽度。

七、报告要求

(1) 按照标准实验报告的格式和内容完成实验报告。

(2) 完成数据整理、计算和绘图工作。

(3) 对仿真实验中的各种现象进行分析和讨论。

(4) 本项实验的心得与收获。

4.3 微带低通滤波器特性测试实验

一、实验目的

(1) 掌握集总参数元件低通滤波器的方法。

(2) 掌握分布参数元件低通滤波器的方法。

(3) 掌握集总参数元件和微带线低通滤波器的设计与仿真。

(4) 熟练运用 HFSS 和 ADS 等软件。

二、预习要求

(1) 了解滤波器的基本原理。

(2) 了解微带线的工作原理和实际应用。

(3) 掌握 ADS 的基本使用。

三、实验原理

微带低通滤波器的设计步骤可归纳为：确定归一化集总元件低通原型滤波器，根据 Richards 变换与 Kuroda 规则构建分布参数电路，优化仿真。

1. 归一化集总元件低通原型滤波器

归一化集总元件低通原型滤波器可以变换到任意低通、高通、带通和带阻滤波器，共包括阻抗变换和频率变换两个过程。图 4.3-1 为双终端低通原型滤波器集总参数电路，其中 $g_k(k=1\sim n)$ 为串联电感或者并联电容，g_0、g_{n+1} 分别为信号源和负载的电阻或电导，且两个电路互耦及其响应特性相同。

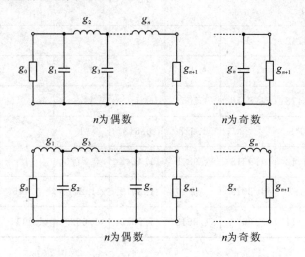

图 4.3-1 双终端低通原型滤波器集总参数电路

根据图 4.3-1 所示的低通滤波器原型，采用一种应用最多的 Butterworth 响应进行原理分析。图 4.3-2 为 Butterworth 频率响应曲线，纵轴为衰减量，由图可知通带内的曲线十分平坦，没有任何波纹，性能优越。

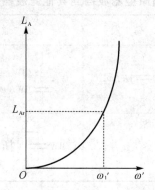

图 4.3-2 Butterworth 滤波器频率响应

衰减量与频率之间的关系为

$$\begin{cases} L_A(\omega') = 10\lg\left[1+\varepsilon\left(\dfrac{\omega'}{\omega_1'}\right)^{2n}\right] \\ \varepsilon = 10\left(\frac{L_{Ar}}{10}\right)-1 \end{cases} \tag{4.3-1}$$

式中，若 $L_{Ar}=3$ dB，则 ω' 即为 3 dB 通带带宽。其归一化元件值推导公式如下：

$$\begin{cases} g_0 = g_{n+1} = 1 \\ g_k = 2\sin\left[\dfrac{(2k-1)\pi}{2n}\right] \quad k = 1, 2, 3\cdots, n \end{cases} \tag{4.3-2}$$

表 4.3-1 列出了上式计算出来的 Butterworth 低通原型滤波器 $N=1\sim8$ 的归一化元件值。

表 4.3-1 Butterworth 低通原型滤波器的归一化元件参数

N	g_1	g_2	g_3	g_4	g_5	g_6	g_7	g_8	g_9
1	2	1							
2	1.4142	1.4142	1						
3	1	2	1	1					
4	0.7654	1.8478	1.8478	0.7654	1				
5	0.618	1.618	2	1.618	0.618	1			
6	0.5176	1.4142	1.9318	1.9318	1.4142	0.5176	1		
7	0.445	1.247	1.8019	2	1.8019	1.247	0.445	1	
8	0.3902	1.1111	1.6629	1.9615	1.9615	1.6629	1.1111	0.3902	1

此时,插入损耗为

$$IL[\mathrm{dB}] = 10\lg(1 + \alpha^2 \Omega^{2n}) \tag{4.3-3}$$

表 4.3-2 和表 4.3-3 列出了由低通原型滤波器到低通、高通、带通和带阻滤波器的 LC 元件变换关系及频率变换关系。

表 4.3-2 低通原型滤波器到其他滤波器的 LC 元件变换

低通原型	低通	高通	带通	带阻
$L = g_k$	L/ω_1	$1/(L\omega_1)$	L/BW $\mathrm{BW}/(\omega_0^2 L)$	$1/(\mathrm{BW}L)$ $(\mathrm{BW}L)/\omega_0^2$
$C = g_k$	C/ω_1	$1/(C\omega_1)$	C/BW $\mathrm{BW}/(\omega_0^2 C)$	$1/(\mathrm{BW}C)$ $(\mathrm{BW}C)/\omega_0^2$

表 4.3-3 低通原型滤波器到其他滤波器的频率变换关系

低通	高通	带通	带阻
$\omega' = \dfrac{\omega}{\omega_1}$	$\omega' = -\dfrac{\omega}{\omega_1}$	$\omega' = \dfrac{\omega_0}{\omega_2 - \omega_1}\left(\dfrac{\omega}{\omega_0} - \dfrac{\omega_0}{\omega}\right)$	$\omega' = \left[\dfrac{\omega_0}{\omega_2 - \omega_1}\left(\dfrac{\omega}{\omega_0} - \dfrac{\omega_0}{\omega}\right)\right]^{-1}$

2. Richards 变换与 Kuroda 规则构建分布参数电路

微带滤波器的工作频率一般都在 300 MHz 以上,工作波长可比拟于滤波器电路器件的实际长度,采用集总参数元件设计的电路传输特性不佳,因此可采用 Richards 变换与 Kuroda 规则将集总参数电路转化为分布参数电路的形式。通过 Richards 变换,可以将集总元件的电感和电容用一段终端短路或开路的传输线等效。Kuroda 规则对传输线间的转换总结为四类使用冗余传输线段的规则,附加的传输线段称为单位元件,长度为 λ/8,使获取微波滤波器的方式变得更加便捷。四类 Kuroda 规则如图 4.3-3 所示。

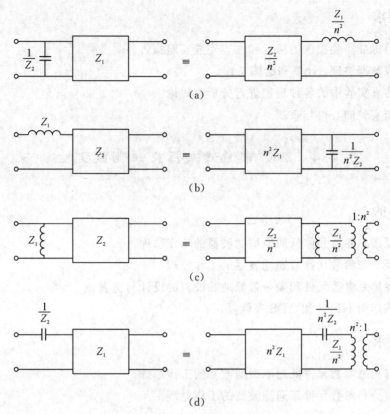

图 4.3-3　四类 Kuroda 规则

在实际应用中，考虑到微带线的不连续性，为了得到理想的滤波特性，仍需对电路进行仿真优化处理。

四、实验仪器

计算机：　　　　　　1 台
ADS 软件：　　　　　1 套
HFSS 软件：　　　　 1 套

五、实验内容

已知：相对介电常数 $\varepsilon_r = 2.55$，基片厚度 $H = 0.508$ mm，铜箔厚度 $T = 0.017$ mm。采用微带结构设计一个微波低通滤波器元件，其指标要求为：截止频率为 4 GHz、3 阶、阻抗 50 Ω 和 3 dB Butterworth 响应特性。

六、注意事项

(1) 采用 TXLINE 软件计算相应微带线的长度和宽度。

(2) ADS 电路原理图的初始计算结果与仿真结果会有出入，可采用 ADS 调谐的方法进行电路优化。

（3）ADS 软件以 dxf 的格式导出，然后再导入 HFSS 中。

七、报告要求

（1）按照标准实验报告的格式和内容完成实验报告。
（2）完成数据整理、计算和绘图工作。
（3）对仿真实验中的各种现象进行分析和讨论。
（4）本项实验的心得与收获。

4.4 微带带通滤波器特性测试实验

一、实验目的

（1）掌握集总参数元件低通原型滤波器的工作原理。
（2）掌握分布参数元件带通滤波器的工作原理。
（3）掌握集总参数元件和微带带低通滤波器的设计与仿真。
（4）熟练运用 HFSS 和 ADS 等软件。

二、预习要求

（1）了解集总参数元件低通原型滤波器的工作原理。
（2）了解分布参数元件带通滤波器的工作原理。

三、实验原理

　　微波带通滤波器在无线通信系统中起着至关重要的作用，尤其是在接收机前端。滤波器性能的优劣直接影响到整个接收机性能的好坏，它不仅能起到频带和信道选择的作用，而且还能滤除谐波及抑制杂散。平行耦合微带带通滤波器作为微带带通滤波器的一种，不但具有微带带通滤波器的优势，而且凭借其低成本和易于加工等优点广泛地应用于无线通信系统中。平行耦合线滤波器由双口开路式耦合微带线单元级联而成，如图 4.4 - 1 所示。该耦合微带线单元可等效为一个导纳倒置转换器和接在两边的两段电长度为 θ、特性导纳为 Y_0 的传输线段的组合，如图 4.4 - 2 所示。

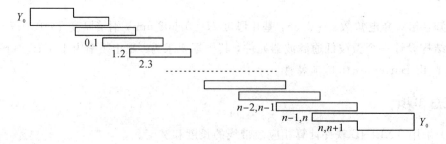

图 4.4 - 1　平行耦合微带带通滤波器

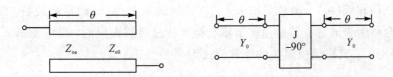

(a) 双口开路式耦合微带线单元   (b) 倒置器的等效电路

图 4.2-2　耦合微带线单元及倒置器等效电路

图 4.4-2(a)是双口开路式耦合微带线单元，其中 Z_{0e}、Z_{0o} 分别为耦合微带线的奇偶模阻抗，θ 为耦合微带线的电长度。耦合微带线的两个端口开路，另外两个端口与外电路连接。根据微波技术理论，利用奇偶模激励法，将四端口的耦合微带线单元分解为二端口的单根微带线。通过叠加，再代入终端开路的条件，得到耦合微带线单元的 Z 参量，最后将 Z 参量转换为 A 参量。图 4.4-2(b)所示的双口开路式耦合微带线单元的 A 矩阵为

$$[\boldsymbol{A}]_a = \begin{bmatrix} \dfrac{Z_{0e}+Z_{0o}}{Z_{0e}-Z_{0o}} & -\mathrm{j}\,\dfrac{Z_{0e}-Z_{0o}}{2}\left[\dfrac{4Z_{0e}Z_{0o}}{Z_{0e}-Z_{0o}}\cot\theta\cdot\cos\theta-\sin\theta\right] \\[3mm] \mathrm{j}\,\dfrac{2\sin\theta}{Z_{0e}-Z_{0o}} & \dfrac{Z_{0e}+Z_{0o}}{Z_{0e}-Z_{0o}}\cos\theta \end{bmatrix} \tag{4.4-1}$$

图 4.4-2(b)倒置器的等效电路由三个网络级联而成，其中传输线段的 A 矩阵为

$$[\boldsymbol{A}]_1 = \begin{bmatrix} \cos\theta & \mathrm{j}\,\dfrac{\sin\theta}{Y_0} \\[3mm] \mathrm{j}Y_0\sin\theta & \cos\theta \end{bmatrix} \tag{4.4-2}$$

J 变换器可认为等效于一段相移为 $-90°$、特性导纳为 J 的传输线，故其 A 矩阵为

$$[\boldsymbol{A}]_2 = \begin{bmatrix} 0 & \dfrac{-\mathrm{j}}{J} \\[3mm] -\mathrm{j}J & 0 \end{bmatrix} \tag{4.4-3}$$

于是倒置器等效电路的 A 矩阵为

$$[\boldsymbol{A}]_b = [\boldsymbol{A}]_1[\boldsymbol{A}]_2[\boldsymbol{A}]_1$$

$$= \begin{bmatrix} \left(\dfrac{J}{Y_0}+\dfrac{Y_0}{J}\right)\sin\theta\cdot\cos\theta & \mathrm{j}\left(\dfrac{J}{Y_0^2}\sin^2\theta-\dfrac{1}{J}\cos^2\theta\right) \\[3mm] -\mathrm{j}J\cos^2\theta+\mathrm{j}\,\dfrac{Y_0^2\sin^2\theta}{J} & \left(\dfrac{J}{Y_0}+\dfrac{Y_0}{J}\right)\sin\theta\cdot\cos\theta \end{bmatrix} \tag{4.4-4}$$

在中心频率附近，$\theta\approx90°$，并令 $[\boldsymbol{A}]_a$ 与 $[\boldsymbol{A}]_b$ 的对应元素相等，得

$$\frac{Z_{0e}+Z_{0o}}{Z_{0e}-Z_{0o}} = \frac{J}{Y_0}+\frac{Y_0}{J} \tag{4.4-5}$$

$$\frac{Z_{0e}-Z_{0o}}{2} = \frac{J}{Y_0^2} \tag{4.4-6}$$

由上式联立求解，得

$$Z_{0e} = \frac{1}{Y_0}\left[1+\frac{J}{Y_0}+\left(\frac{J}{Y_0}\right)^2\right] \tag{4.4-7}$$

$$Z_{0o} = \frac{1}{Y_0}\left[1-\frac{1}{Y_0}+\left(\frac{J}{Y_0}\right)^2\right] \tag{4.4-8}$$

式(4.4-7)和式(4.7-8)就是图 4.4-2(a)与图 4.4-2(b)的等效关系。图 4.4-1 所示的平行耦合微带带通滤波器是由多节耦合微带线段级联而成的,对应于第 k、$k+1$ 节耦合线段($0 \leqslant k \leqslant n$),其奇偶模阻抗的计算公式为

$$(Z_{0e})_{k, k+1} = \frac{1}{Y_0} \left[1 + \frac{J_{k, k+1}}{Y_0} + \left(\frac{J_{k, k+1}}{Y_0} \right)^2 \right] \qquad (4.4-9)$$

$$(Z_{0o})_{k, k+1} = \frac{1}{Y_0} \left[1 - \frac{J_{k, k+1}}{Y_0} + \left(\frac{J_{k, k+1}}{Y_0} \right)^2 \right] \qquad (4.4-10)$$

最终结果为

$$J_{0, 1} = Y_0 \sqrt{\frac{\pi W_q}{2 g_0 g_1}} \qquad (4.4-11)$$

$$J_{k, k+1} = \frac{\pi W_q Y_0}{2} \sqrt{\frac{1}{g_k g_{k+1}}} \quad k = 1, 2, \cdots, n-1 \qquad (4.4-12)$$

$$J_{n, n+1} = Y_0 \sqrt{\frac{\pi W_q}{2 g_n g_{n+1}}} \qquad (4.4-13)$$

式中,W_q 为相对宽度,g_1、g_2、g_3、$\cdots$、g_n 为低通原型滤波器的归一化元件值,g_0 和 g_{n+1} 分别为信号源内电导和负载电导。g_1、g_2、g_3、$\cdots$、g_n、g_{n+1} 可通过查表得到。

四、实验仪器

计算机: 1 台
ADS 软件: 1 套
HFSS 软件: 1 套

五、实验内容

已知:相对介电常数 $\varepsilon_r = 2.55$,基片厚度 $H = 0.508$ mm,铜箔厚度 $T = 0.017$ mm。采用耦合线结构设计一个微波带通滤波器元件,其指标要求为:中心频率为 2 GHz,相对带宽为 9%,1.5 GHz 和 2.5 GHz 处衰减大于 20 dB,输入/输出阻抗为 50 Ω。

六、注意事项

(1) 采用 TXLINE 软件计算相应微带线的长度和宽度。

(2) ADS 电路原理图的初始计算结果与仿真结果会有出入,可采用 ADS 调谐的方法进行电路优化。

(3) ADS 软件以 dxf 的格式导出,然后再导入 HFSS 中。

七、报告要求

(1) 按照标准实验报告的格式和内容完成实验报告。

(2) 完成数据整理、计算和绘图工作。

(3) 对仿真实验中的各种现象进行分析和讨论。

(4) 本项实验的心得与收获。

4.5 微带分支线定向耦合器特性测试实验

一、实验目的

（1）掌握微带定向耦合器的工作原理及用途。

（2）熟悉微波设计软件 ADS 和 HFSS 的使用。

二、预习要求

（1）理解定向耦合器各端口电压驻波比及回波损耗、传输损耗、耦合度、隔离度等基本概念。

（2）理解定向耦合器的基本工作原理。

三、实验原理

分支线耦合器是一个四端口器件，通常由矩形波导同轴线带状线和微带线来实现。图 4.5-1 为微带分支线耦合器的工作原理图，它由两根平行的主传输线和若干耦合分支传输线构成，其中分支线的长度及相邻分支线之间的距离均为 $\lambda/4$，Z_0 为主传输线的特性阻抗，1、2、3、4 为分别四个输入或输出端口。工作时四个端口均匹配，当信号从端口 1 输入时，端口 4 没有输出（隔离），端口 2 和端口 3 等功率输出，且相差为 90°。

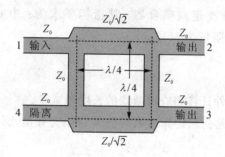

4.5-1 分支线耦合器的工作原理图

为了简化分析，对图 4.5-1 的工作原理图进行阻抗归一化分析，如图 4.5-2 所示，其中每条线均代表一根传输线，且每个传输线的公共接地没有表示。假定在端口 1 处输入信号的电压幅度为 1 V，此时，该电路可分解为偶模激励和奇模激励的叠加。由于该电路是线性的，所以实际的响应（散射波）可从偶模和奇模激励响应之和获得。

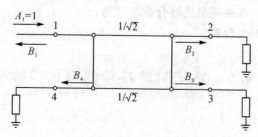

图 4.5-2 归一化形式的分支线混合耦合器电路

因为端口 1 和端口 4 的输入波振幅是 ±1/2，所以在分支线混合网络每个端口处的出射波振幅可表示为

$$B_1 = \frac{1}{2}\Gamma_e + \frac{1}{2}\Gamma_o \qquad (4.5-1)$$

$$B_2 = \frac{1}{2}T_e + \frac{1}{2}T_o \qquad (4.5-2)$$

$$B_3 = \frac{1}{2}T_e - \frac{1}{2}T_o \qquad (4.5-3)$$

$$B_4 = \frac{1}{2}\Gamma_e + \frac{1}{2}\Gamma_o \qquad (4.5-4)$$

式中，Γ_e、Γ_o 和 T_e、T_o 分别是奇偶模等效电路的反射系数和传输系数。

四、实验仪器

计算机：　　　　　1 台
ADS 软件：　　　　1 套
HFSS 软件：　　　 1 套

五、实验内容

已知：相对介电常数 $\varepsilon_r = 2.55$，基片厚度 $H = 0.508$ mm，铜箔厚度 $T = 0.017$ mm。采用微带线设计一个 3 dB 分支定向耦合器，其指标要求为：中心频率为 3 GHz，带宽为 50 MHz，耦合度为 3 dB，阻抗为 50 Ω。

六、注意事项

（1）采用 TXLINE 软件计算相应微带线的长度和宽度。

（2）ADS 电路原理图的初始计算结果与仿真结果会有出入，可采用 ADS 调谐的方法进行电路优化。

（3）ADS 软件以 dxf 的格式导出，然后再导入 HFSS 中。

七、报告要求

（1）按照标准实验报告的格式和内容完成实验报告。

（2）完成数据整理、计算和绘图工作。

（3）对仿真实验中的各种现象进行分析和讨论。

（4）本项实验的心得与收获。

4.6　微带功分器特性测试实验

一、实验目的

（1）理解微带功分器的工作原理及特点。

（2）掌握微波网络的 S 参数。

（3）掌握使用 ADS 和 HFSS 软件进行微带功分器的仿真设计。

二、预习要求

（1）了解微带功分器的工作原理及特点。

（2）了解微波网络的 S 参数。

（3）了解微带功分器的仿真设计。

三、实验原理

功率分配器（简称功分器）是微波电路中重要的无源器件之一，它不仅将输入功率分成相等或不等的多路功率，而且还能将几路功率信号合成为一路功率信号。根据输出，功分器通常分为一分为二（一输入二输出）、一分为三（一输入三输出）等，其中输出端口之间应确保一定程度的隔离。

图 4.6-1 为二路功分器的原理图，该类型的功分器可方便地用微带线或带状线来实现。图中 Z_0、Z_{02}、Z_{03} 分别为主传输线和两路分支线的特性阻抗，$\lambda_{eo}/4$ 为线长（λ_{eo} 是中心频率的带内波长），R_2 和 R_3 为负载阻抗，R 为隔离电阻。信号从端口 1 输入，分成两路分别从端口 2 和端口 3 输出，其中两路功率臂上设置了两段四分之一的波长阻抗变换器以起到功分器从输入到负载的匹配作用，隔离电阻 R 可保证两输出之间相互隔离，若端口 2 或端口 3 出现失配，就将有电流流过 R，其功率消耗在 R 上，而不会影响到另一端口的输出。所以，需要确定的可调参量为 Z_{02}、Z_{03}、R_2、R_3 及 R。

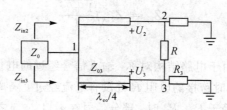

图 4.6-1 二路功分器的原理图

（1）通过功率分配比确定负载阻抗 R_2、R_3。

设输入口 1 的输入功率分别为 P_1，对应的电压为 U_1，输出口 2、3 的输出功率分别为 P_2、P_3，对应的电压为 U_2、U_3。已知两端口电压的比例系数为 k，根据对功分器功率分配的要求，则有：

$$P_3 = k^2 P_2 \tag{4.6-1}$$

其中 k 为比例系数。由功率公式可得

$$\frac{U_3^2}{R_3} = \frac{k^2 \mid U_2 \mid}{R_2} \tag{4.6-2}$$

为了使在正常工作时隔离电阻 R 上不流过电流，则应使 $U_3 = U_2$，于是得

$$R_2 = k^2 R_3 \tag{4.6-3}$$

若取

$$R_2 = k Z_0 \tag{4.6-4}$$

则

$$R_3 = \frac{Z_0}{k} \tag{4.6-5}$$

（2）根据输入端匹配要求确定分支线的特性阻抗 Z_{02}、Z_{03}。

由于分支线为 $\lambda_{e0}/4$，故在输入口 1 处的输入阻抗为

$$Z_{in2} = \frac{Z_{02}^2}{R_2} \tag{4.6-6}$$

$$Z_{in3} = \frac{Z_{03}^2}{R_3} \tag{4.6-7}$$

为使输入口 1 无反射，则两分支线在 1 处的总输入阻抗应等于引出线的 Z_0，用导纳表示为

$$Y_0 = \frac{1}{Z_0} = \frac{R_2}{Z_{02}^2} + \frac{R_3}{Z_{03}^2} \tag{4.6-8}$$

若电路无损耗，则

$$\frac{|U_1|^2}{Z_{in3}} = \frac{k^2 |U_1|^2}{Z_{in2}} \tag{4.6-9}$$

式中，U_1 为输入口 1 处的电压，所以

$$Z_{02} = k^2 Z_{03} \tag{4.6-10}$$

把式(4.6-4)、式(4.6-5)和式(4.6-10)代入式(4.6-8)可得

$$Z_{03} = Z_0 \sqrt{\frac{c}{k^3}} \tag{4.6-11}$$

$$Z_{02} = Z_0 \sqrt{\frac{1+k^2}{k}} \tag{4.6-12}$$

（3）确定隔离电阻 R。

由图 4.6-1 可知，由于电路结构对称，输入信号经过的电长度相同，因此两输出端口 2、3 处于相同的电位，此时跨接的电阻 R 处没有电流经过，隔离电阻不消耗任何功率。但当端口 2、3 外接负载不等于 R_2、R_3 时，部分信号在端口 2、3 之间流动，为使端口 2、3 彼此隔离，隔离电阻 R 的值须为

$$R = \frac{Z_0(1+k^2)}{k} \tag{4.6-13}$$

为了减小两带线之间跨界电阻的寄生效应，图 4.6-1 中两路带线之间的距离不宜过大，一般取 2~3 带条宽度。

四、实验仪器

计算机：　　　　　1 台
ADS 软件：　　　　1 套
HFSS 软件：　　　 1 套

五、实验内容

已知：相对介电常数 $\varepsilon_r = 2.55$，基片厚度 $H = 0.508$ mm，铜箔厚度 $T = 0.017$ mm。采用

微带线设计二等分功分器，其指标要求为：频带范围为 4.8~5.2 GHz，频带内输入端口回波损耗大于 20 dB，频带内的插入损耗需小于 3.2 dB，两个输出口间的隔离度需高于 25 dB。

六、注意事项

（1）采用 TXLINE 软件计算相应微带线的长度和宽度。
（2）ADS 电路原理图的初始计算结果与仿真结果会有出入，可采用 ADS 调谐的方法进行电路优化。
（3）ADS 软件以 dxf 的格式导出，然后再导入 HFSS 中。

七、报告要求

（1）按照标准实验报告的格式和内容完成实验报告。
（2）完成数据整理、计算和绘图工作。
（3）对仿真实验中的各种现象进行分析和讨论。
（4）本项实验的心得与收获。

4.7　微带环形电桥特性测试实验

一、实验目的

（1）理解微带环形电桥的工作原理。
（2）掌握微波网络的 S 参数。
（3）掌握使用 ADS 和 HFSS 软件进行微带环形电桥的优化仿真设计。

二、预习要求

（1）了解微带环形电桥的工作原理。
（2）了解微带环形电桥的仿真设计。

三、实验原理

混合电桥是微波电路中的基本元件，它可以用作等幅同相或反相功分器，也可以用作平衡混频器中的 0°或 180°混合电路。它的特性是其中有两个端口互相隔离，另两个端口等功率输出，可以用作等功率分配器。混合电桥的工作原理如图 4.7-1 所示，其为一个四端口网络，若信号从端口 1 输入，端口 2 则被隔离，端口 3 和端口 4 等功率输出，其相位差为 0°、90°或 180°。

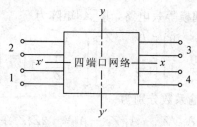

图 4.7-1　四端口网络

微带环桥由于易于实现平面结构，在微波集成电路中得到了广泛的应用。如图 4.7-2 所示。微带环形电桥通常由 1 个主传输线及 4 个分支线构成，其平均周长为 $2\lambda/3$，四路接头的中心间距均为四分之一波长，即电桥由 3 个 $\lambda/4$ 的支节和一个 $3\lambda/4$ 的支节构成。若信号从端口 1 输入，则信号可分为两路，分别经过 $\lambda/4$ 传输线到达端口 2 和端口 4，此时为等幅同相输出；而到达端口 3 的信号所经过的电长度相差 $\lambda/2$，故到达 3 端口的两路信号相位相差 $180°$，即被隔离。若信号从端口 2 输入，则两路信号分别经过 $\lambda/4$ 和 $3\lambda/4$ 传输线到达端口 1 和端口 3，故两端口为等幅同相输出；而到达端口 3 的信号所经过的电长度相差 $\lambda/2$，此时到达端口 3 的两路信号相位相差 $180°$，即被隔离。所以，环形电桥实质上也是一只 3 dB 定向耦合器，其工作特性可采用奇偶模理论来进行分析。

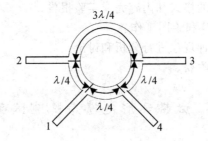

图 4.7-2　环形电桥

图 4.7-3(a) 为环形电桥的等效电路，可在其中心对称平面 OO' 处把环形电桥分成两半，进行电壁或磁壁的等效，并取其中的一半进行传输特性分析。当对称面 OO' 被视为磁壁时，电桥处于偶模激励，此时 OO' 处相当于开路；当对称面 OO' 被视为电壁时，电桥处于奇模激励，此时 OO' 处相当于短路，如图 4.7-3(b)、(c) 所示。

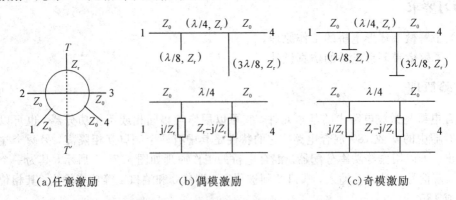

（a）任意激励　　　　　　（b）偶模激励　　　　　　（c）奇模激励

图 4.7-3　环形电桥的偶模和奇模等效电路

对于图 4.7-3(b) 中的偶模等效电路，其 $[\boldsymbol{A}]$ 矩阵为

$$[\boldsymbol{A}]_e = \begin{bmatrix} 1 & 0 \\ \mathrm{j}\dfrac{1}{Z_r} & 1 \end{bmatrix} \begin{bmatrix} 0 & \mathrm{j}Z_r \\ \mathrm{j}\dfrac{1}{Z_r} & 1 \end{bmatrix} \begin{bmatrix} 1 & 0 \\ -\mathrm{j}\dfrac{1}{Z_r} & 1 \end{bmatrix} = \begin{bmatrix} 1 & \mathrm{j}Z_r \\ \mathrm{j}\dfrac{2}{Z_r} & -1 \end{bmatrix} \tag{4.7-1}$$

由此可得反射系数和传输系数分别为

$$\Gamma_{0e} = \frac{A_{11} + A_{12}/Z_0 - A_{21}Z_0 - A_{22}}{A_{11} + A_{12}/Z_0 + A_{21}Z_0 + A_{22}} = \frac{2Z_0 Z_r + \mathrm{j}(Z_r - 2Z_0^2)}{\mathrm{j}(Z_r^2 + 2Z_0^2)} \tag{4.7-2}$$

$$T_{0e} = \frac{2}{A_{11} + A_{12}/Z_0 + A_{21}Z_0 + A_{22}} = \frac{2Z_0 Z_r}{j(Z_r^2 + 2Z_0^2)} \qquad (4.7-3)$$

图 4.7 - 3(c)为奇模等效电路,其[$\boldsymbol{A}$]矩阵为

$$[\boldsymbol{A}]_o = \begin{bmatrix} 1 & 0 \\ -j\dfrac{1}{Z_r} & 1 \end{bmatrix} \begin{bmatrix} 0 & jZ_r \\ j\dfrac{1}{Z_r} & 0 \end{bmatrix} \begin{bmatrix} 1 & 0 \\ j\dfrac{1}{Z_r} & 1 \end{bmatrix} = \begin{bmatrix} -1 & jZ_r \\ j\dfrac{2}{Z_r} & 1 \end{bmatrix} \qquad (4.7-4)$$

由此求得奇模反射系数和传输系数为

$$\Gamma_{0o} = \frac{-2Z_0 Z_r + j(Z_r^2 - 2Z_0^2)}{j(Z_r^2 + 2Z_0^2)} \qquad (4.7-5)$$

$$T_{0o} = \frac{2Z_0 Z_r}{j(Z_r^2 + 2Z_0^2)} \qquad (4.7-6)$$

已知图 4.7 - 3(a)中环形电桥的各端口匹配负载均为 Z_0,为了便于分析,假定端口 1 处入射波为 1 V,则各端口的输出电压为

$$\begin{cases} b_1 = S_{11} = \dfrac{1}{2}(\Gamma_{0e} + \Gamma_{0o}) = \dfrac{Z_r^2 - 2Z_0^2}{Z_r^2 + 2Z_0^2} \\[3mm] b_2 = S_{21} = \dfrac{1}{2}(\Gamma_{0e} - \Gamma_{0o}) = \dfrac{2Z_0 Z_r}{j(Z_r^2 + 2Z_0^2)} \\[3mm] b_3 = S_{31} = \dfrac{1}{2}(T_{0e} - T_{0o}) = 0 \\[3mm] b_4 = S_{41} = \dfrac{1}{2}(T_{0e} + T_{0o}) = \dfrac{2Z_0 Z_r}{j(Z_r^2 + 2Z_0^2)} \end{cases} \qquad (4.7-7)$$

如果环形电桥要在中心频率上完全匹配,则必须使 $b_1 = S_{11} = 0$,于是有

$$Z_r = \sqrt{2}Z_0 \qquad (4.7-8)$$

进而可得

$$\begin{cases} b_1 = S_{11} = 0 \\[3mm] b_2 = S_{21} = -j\dfrac{1}{\sqrt{2}} \\[3mm] b_3 = 0 \\[3mm] b_4 = S_{41} = -j\dfrac{1}{\sqrt{2}} \end{cases} \qquad (4.7-9)$$

式(4.7 - 9)表明,该环形电桥在中心频率上可实现完全匹配和完全隔离。在实际应用中,该环形电桥的工作频带不太宽,为了拓宽频带,通常在微带环桥中用短路平行耦合线段代替 3/4 波长段。此外,在实际应用中,由于接头不连续的影响,必须进行修正,才能保证良好的性能。

四、实验仪器

计算机:　　　　　 1 台

ADS 软件:　　　　 1 套

HFSS 软件:　　　　 1 套

五、实验内容

已知：相对介电常数 $\varepsilon_r = 2.55$，基片厚度 $H = 1$ mm，铜箔厚度 $T = 0.017$ mm。采用微带结构设计一个微波环形电桥元件，其指标要求为：工作频率为 4 GHz，最终获得 S 参数曲线的仿真结果。

六、注意事项

（1）采用 TXLINE 软件计算相应微带线的长度和宽度。

（2）ADS 电路原理图的初始计算结果与仿真结果会有出入，可采用 ADS 调谐的方法进行电路优化。

（3）ADS 软件以 dxf 的格式导出，然后再导入 HFSS 中。

七、报告要求

（1）按照标准实验报告的格式和内容完成实验报告。

（2）完成数据整理、计算和绘图工作。

（3）对仿真实验中的各种现象进行分析和讨论。

（4）本项实验的心得与收获。

4.8 低噪声放大器特性测试实验

一、实验目的

（1）了解基本射频电路的原理。

（2）理解基本低噪声放大器的工作原理及设计方法。

（3）学习使用 ADS 软件进行微波有源电路的设计、优化及仿真。

（4）掌握低噪声放大器的制作及调试方法。

二、预习要求

（1）明确以下概念：S 参数、放大器增益（平坦度）、噪声系数、噪声温度、动态范围、三阶交调与 1 dB 压缩点、稳定性、匹配。

（2）明确低噪声放大器的基本工作原理。

（3）掌握 ADS 的基本使用。

三、实验原理

低噪声放大器是一类特殊的电子放大器，主要对通信系统中天线接收到的信号进行放大，以便于后级电子设备的处理。由于来自天线的信号一般都非常微弱，低噪声放大器一般情况下均位于非常靠近天线的部位，以减小信号通过传输线的损耗，所以放大器性能的好坏直接影响着整个接收机接收信号的质量。为了确保天线接收的信号能够在接收机的最后一级被正确恢复，一个好的低噪声放大器需要在放大信号的同时产生尽可能低的噪声和失真。这两个参数通常使用噪声系数和三阶输入截止点来表征。输入/输出端的阻抗匹配和噪声匹配是实现高增益及低噪声的关键。

1. 增益设计

图 4.8-1 为一个微波放大器网络的基本构成原理图，其由晶体管或场效应管、输入匹配网络及输出匹配网络三大部分构成。其中，晶体管或场效应管通常采用射频微波集成芯片 MMIC 或 RFIC，输入/输出匹配网络大多采用无源电路，如电容、电感或传输线构成的匹配电路。图中 Z_s 和 Z_L 分别为信号源内阻和负载阻抗，Z_2 为放大器输出端接 Z_L 时的输入阻抗，Z_1 为放大器输入端接 Z_s 时的输入阻抗，a_1、b_1 和 a_2、b_2 分别为放大器输入端和输出端的归一化入射波和反射波。

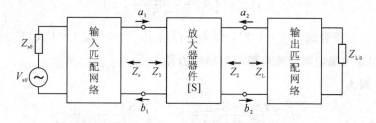

图 4.8-1　微波放大器网络的基本构成原理图

为了简化分析，可将图 4.8-1 简化为图 4.8-2，其中 Γ_{in}、Γ_{out} 分别为晶体管或场效应管的输入端、输出端的反射系数，Γ_s 为在晶体管或场效应管的输入端向信号源方向看过去的反射系数，Γ_L 为在其输出端向负载方向看过去的反射系数。

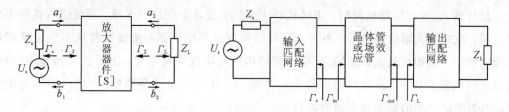

图 4.8-2　简化的基本放大器网络

当放大器输入端口达到共轭匹配时（即 $\Gamma_{in} = \Gamma_s^*$），按转换功率增益 G_T 的定义，根据微波理论可得

$$\Gamma_{in} = S_{11} + \frac{S_{21} S_{12} \Gamma_L}{1 - S_{22} \Gamma_L} \tag{4.8-1}$$

$$\Gamma_{out} = S_{22} + \frac{S_{21} S_{12} \Gamma_s}{1 - S_{11} \Gamma_s} \tag{4.8-2}$$

$$G_T = \frac{(1 - |\Gamma_s|^2) \cdot |S_{21}|^2 \cdot (1 - |\Gamma_L|^2)}{|(1 - S_{11}\Gamma_s)(1 - S_{11}\Gamma_L) - S_{12}S_{21}\Gamma_s\Gamma_L|^2} \tag{4.8-3}$$

从式(4.8-3)可以看出，G_T 不仅与放大器件的 S 参量有关，与 Γ_s 和 Γ_L 也有关系。因此，在同时研究信号源和负载对功率增益的影响时，一般研究 G_T。

2. 匹配设计(稳定性设计)

设计放大器电路必须满足的首要条件之一是在工件频段内的稳定性,因为放大器在某些工作频率和终端条件下有产生自激的趋势(此时意味着 $|\Gamma_{in}|>1$ 或 $|\Gamma_{out}|>1$)。由于 Γ_{in} 和 Γ_{out} 与源和负载匹配网络有关,所以放大器的稳定性依赖于匹配网络提供的 Γ_s 和 Γ_L。放大器的稳定条件分为绝对稳定和条件稳定。

绝对稳定的条件可用反射系数表示为

$$\begin{cases} |\Gamma_s|<1 \\ |\Gamma_L|<1 \\ |\Gamma_{in}| = \left| S_{11} + \dfrac{S_{12}S_{11}\Gamma_L}{1-S_{22}\Gamma_L} \right| <1 \\ |\Gamma_{out}| = \left| S_{22} + \dfrac{S_{12}S_{21}\Gamma_s}{1-S_{11}\Gamma_s} \right| <1 \end{cases} \qquad (4.8-4)$$

当有源器件不符合式(4.8-4)时,即为条件稳定,则令 $|\Gamma_{out}|=1$ 及 $|\Gamma_{in}|=1$,在 Γ_s 及 Γ_L 平面上画出输出稳定圆以条件稳定的相应边界。

输入稳定圆为

$$\left| \Gamma_s - \frac{(S_{11}-S_{22}^*\Delta)^*}{|S_{11}|^2-|\Delta|^2} \right| = \frac{|S_{12}S_{21}|}{||S_{11}|^2-|\Delta|^2|} \qquad (4.8-5)$$

输出稳定圆为

$$\left| \Gamma_L - \frac{(S_{22}-S_{11}^*\Delta)^*}{|S_{22}|^2-|\Delta|^2} \right| = \frac{|S_{12}S_{21}|}{||S_{22}|^2-|\Delta|^2|} \qquad (4.8-6)$$

式中,$\Delta=S_{11}S_{22}-S_{12}S_{21}$。

设计输入/输出匹配电路时,正确选择 Γ_s、Γ_L,使其落在稳定区域,避免进入这些不稳定区域,造成放大器电路自激。另外,也可以采取适当的措施,使放大器从不稳定状态进入稳定状态,例如在放大器的输入/输出端口串联电阻或并联电导。由于放大器输入/输出端口之间的耦合效应,通常只需要稳定一个端口,而且尽量避免在输入/端口增加电阻元件,因为电阻产生的附加噪声将会被放大。

3. 低噪声设计

在无线接收系统中,经常使用低噪声放大器,放大从天线进来的通过开关的微弱信号,在低噪声前提下对信号进行放大是系统的基本要求,然而放大器的最小噪声系数和最大增益不能同时实现,要在两者之间进行折中考虑,此外还要考虑放大器稳定性的要求。通常将噪声参数标注在 Smith 圆图上,权衡分析噪声系数、增益和稳定性等因素。

二端口放大器噪声系数 F 的定义为

$$F=F_{min}+\frac{R_n}{G_s}|Y_s-Y_{opt}|^2 \qquad (4.8-7)$$

式中:F_{min} 为最小(也称最佳)噪声系数,它与偏置条件和工作频率有关;$Y_s=G_s+jB_s$ 表示器件的源导纳;Y_{opt} 为对应于最小噪声系数即当 $F=F_{min}$ 时的最佳源导纳;R_n 为器件的等效噪声电阻；G_s 为源导纳的实部。

F_{min}、R_n、Y_{opt} 参数通常可从器件的生产厂商数据中查阅，有时数据表中给出了最佳反射系数 Γ_{opt} 而非 Y_{opt}，两者关系为

$$Y_{opt} = Y_o \frac{1 - \Gamma_{opt}}{1 + \Gamma_{opt}} \qquad (4.8-8)$$

式中，Y_o 为特性导纳。

四、实验仪器

计算机：　　　　　1 台

ADS 软件：　　　　1 套

五、实验内容

利用 ADS 软件设计低噪声放大器。技术指标为：工作频率为 2.3～2.6 GHz，蓝牙工作频段为 2.402～2.480 GHz，功率增益 $G > 20$ dB，噪声系数 NF < 1 dB，输入/输出驻波比 VSWR < 1.5，增益平坦度为 ± 0.5 dB，源信号阻抗为 50 Ω。

六、注意事项

(1) 通过查阅晶体管生产厂商的相关资料，综合低噪声晶体管的选择原则，合理选取低噪声晶体管。

(2) 输入匹配网络一般为获得最小噪声而设计，为接近最佳噪声匹配网络而不是最佳功率匹配网络，而输出匹配网络一般是为获得最大功率和低驻波比而设计。

(3) 由于输出匹配电路对输入匹配电路会产生影响，并且直流偏置网络也会对输入/输出匹配电路产生影响，导致电路的输入/输出会失配并使电路 S 参数恶化。因此，在综合各部分的情况下，有必要对电路进行优化设计，使电路实现较好的效果，并工作在稳定区。

七、报告要求

(1) 按照标准实验报告的格式和内容完成实验报告。

(2) 完成数据整理、计算和绘图工作。

(3) 对仿真实验中的各种现象进行分析和讨论。

(4) 本项实验的心得与收获。

4.9　宽频带放大器特性测试实验

一、实验目的

(1) 了解基本射频电路的原理。

（2）理解基本低噪声放大器的宽带工作原理及设计方法。

（3）学习使用 ADS 软件进行微波有源电路的设计、优化及仿真。

二、预习要求

（1）明确基本射频电路的原理。

（2）明确基本低噪声放大器的宽带工作原理及设计方法。

（3）掌握 ADS 的基本使用。

三、实验原理

1. 宽带射频微波放大器

理想的射频微波放大器在所希望的频带内具有相等增益和良好的输入匹配，然而晶体管、场效应管等器件的 S 参数随频率而变。因此，必须对宽带放大器的设计问题给予特殊的考虑。常用的宽带射频微波放大器设计方法如下：

（1）补偿匹配放大器。用补偿匹配网络，按照通频带的高频段设计匹配网络，获得较大增益，在频率低端由于失配产生适当的反射，降低增益，来补偿晶体管或场效应管的 $|S_{21}|$ 随频率升高而下降的特性，从而获得平坦增益。

（2）平衡放大器。两个性能相同的放大器在输入/输出端口用 90° 耦合网络并联起来组成平衡结构。该放大器改善了输入/输出端阻抗匹配增益平坦度，具有低输入/输出驻波比、噪声系数好、输出功率比单管放大器大 3 dB、动态范围加大 1 倍等优点。

（3）负反馈放大器。在 FET 漏极和栅极之间加入 RL 串联反馈电路，改善了放大器的输入/输出匹配，并且通过降低低频端的增益改善了平坦度，可实现多个倍频程的放大。

（4）电阻电抗匹配式放大器。电阻作为匹配网络的一部分，设计时使电阻仅在低频端吸收能量，而对高频端尽可能少影响放大器的增益。该电路稳定性好，但由于引入电阻性损耗会使放大器噪声系数变坏。

2. 平衡放大器

平衡放大器具有平坦增益和低输入/输出驻波比的优点，但代价是需要两级放大器和两个定向耦合器。图 4.9-1 为平衡放大器的工作原理图，它采用两个 3 dB 定向耦合器和两个相同的放大器构成对称电路，通过隔离入射信号和反射信号，从而实现频带范围内平坦增益和低输入/输出驻波比。根据 3 dB 定向耦合器的传输特性，输入信号经过第一个 3 dB 定向耦合器后，被平均分配到两个放大器的输入端口，且相差为 90°。当两个放大电路的性能相同时，它们的反射信号在 3 dB 定向耦合器的输入端相互抵消，即使两个放大电路在输入端产生很大的反射，在平衡放大电路的输入端也可以没有反射信号，因此实现了低输入驻波比。同理，两个放大器的输出信号会经过第二个定向耦合器后在输出端口合成，而反射信号则被匹配电阻 Z_0 吸收，从而实现了低输出驻波比。

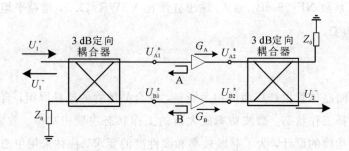

图 4.9 - 1　平衡放大器的工作原理图

放大器的入射电压表示为

$$\begin{cases} U_{A1}^+ = \dfrac{-j}{\sqrt{2}}U_1^+ \\[2mm] U_{B1}^+ = \dfrac{1}{\sqrt{2}}U_1^+ \end{cases} \tag{4.9-1}$$

式中，U_1^+ 是入射输入电压，而输出电压表示为

$$U_2^- = \frac{1}{\sqrt{2}}U_{A2}^+ + \frac{-j}{\sqrt{2}}U_{B2}^+ = \frac{1}{\sqrt{2}}G_A U_{A1}^+ + \frac{-j}{\sqrt{2}}G_B U_{B1}^+ = \frac{-j}{2}U_1^+(G_A + G_B) \tag{4.9-2}$$

于是 S_{21} 表示为

$$(4.9-3)$$

$$S_{21} = \frac{U_2^-}{U_1^+} = \frac{-j}{2}(G_A + G_B) \tag{4.9-3}$$

该式表明平衡放大器的总收益是各个放大器增益的平均。

在输入端，总发射电压可以表示为

$$U_1^- = \frac{-j}{\sqrt{2}}U_{A1}^- + \frac{1}{\sqrt{2}}U_{B1}^- = \frac{-j}{\sqrt{2}}\Gamma_A U_{A1}^+ + \frac{1}{\sqrt{2}}\Gamma_B U_{B1}^+ = \frac{1}{2}U_1^+(\Gamma_B - \Gamma_A) \tag{4.9-4}$$

将 S_{11} 表示为

$$S_{11} = \frac{U_1^-}{U_2^+} = \frac{1}{2}(\Gamma_B - \Gamma_A) \tag{4.9-5}$$

若放大器是相同的，则有 $G_A = G_B$ 和 $\Gamma_B = \Gamma_A$，因此式(4.9-5)表明 $S_{11} = 0$，而式(4.9-3)表明平衡放大器的增益 S_{21} 和单个放大器增益一样。只要将 $|S_{21A}|^2$ 和 $|S_{21B}|^2$ 用匹配网络设计成平坦型增益，因此整个网络增益是平坦的，输入/输出驻波比比较低。

四、实验仪器

| 计算机： | 1 台 |
| ADS 软件： | 1 套 |

五、实验内容

利用 ADS 软件设计宽频带放大器。技术指标为：工作频率为 1～4 GHz，功率增益

$G>20$ dB、噪声系数 NF<6 dB,输入/输出驻波比 VSWR<2.5,增益平坦度为±0.5 dB,源信号阻抗为 50 Ω。

六、注意事项

(1)通过查阅晶体管生产厂商的相关资料,综合晶体管的选择原则,合理选取晶体管。

(2)合理选择工作状态。微波功率放大器的工作状态主要由功率、效率、失真度等性质来决定。现在功放的设计,为了兼顾效率和线性度的要求,往往采用甲乙类工作状态。

(3)精心设计匹配网络。因功率放大器处于非线性状态,故谐波和交调分量严重。因此,匹配网络除了具有阻抗变换的作用外,还具有滤波器的作用,所以必须仔细设计。

(4)选择合适电路。电路设计时尽可能简化。可采用典型可靠的电路、合理分配增益、减少放大器的级数,甚至慎用线性化技术,以便降低故障率。

七、报告要求

(1)按照标准实验报告的格式和内容完成实验报告。

(2)完成数据整理、计算和绘图工作。

(3)对仿真实验中的各种现象进行分析和讨论。

(4)本项实验的心得与收获。

第五章 微波技术演示实验

5.1 终端开路微带线驻波比及反射系数测量实验

一、实验目的

(1) 了解驻波比形成的原理及开路微带线驻波分布的特点。

(2) 掌握开路线驻波比(或反射系数)的测量与计算方法。

(3) 掌握开路线波长、频率的测量与计算方法。

二、预习要求

(1) 什么是传输线的驻波工作状态? 有什么样的分布特点? 它是如何实现的?

(2) 了解终端开路传输线的阻抗与工作状态。

(3) 了解终端开路传输线驻波比的测量方法。

三、实验原理

当传输线终端负载阻抗 Z_L 不等于特性阻抗 Z_0 时,传输线上存在反射波,它由终端向始端方向行进,与入射波行进方向正好相反。传输线上任意点的电压和电流都等于入射波和反射波的叠加。在稳态正弦情况下,传输线上各点电流和电压的有效值或幅度将有起伏地变化。当传输线终端负载阻抗给定时,该传输线上某些点反射波与入射波相位同相叠加后幅度最大,形成波腹,而另一些点反射波与入射波相位相反,叠加后幅度最小,形成波节;其他点的电流和电压是反射波与入射波两者矢量之和,其幅度介于波腹和波节之间。这种由于反射使传输线上电流和电压的幅度沿线发生周期性大小变化的情况,称为线上存在驻波。

根据传输线理论,线上任意点的入射波和反射波有效值复量为

$$\dot{U}_入 = \frac{1}{2}\dot{U}_2\left(1+\frac{Z_0}{Z_L}\right)\mathrm{e}^{\beta x}\,\mathrm{e}^{\mathrm{j}ax} \tag{5.1-1}$$

$$\dot{U}_反 = \frac{1}{2}\dot{U}_2\left(1-\frac{Z_0}{Z_L}\right)\mathrm{e}^{-\beta x}\,\mathrm{e}^{-\mathrm{j}ax} \tag{5.1-2}$$

$$\dot{U}_2 = \dot{U}_入 + \dot{U}_反 \tag{5.1-3}$$

式中,$\dot{U}_反$ 和 $\dot{U}_入$ 分别为反射波电压和入射波电压,$\dot{U}_2$ 为传输线上的电压。

反射系数 Γ_x 的定义如下:

$$\Gamma_x = \frac{\dot{U}_反}{\dot{U}_入} = \left|\frac{Z_L-Z_0}{Z_L+Z_0}\right|\mathrm{e}^{\mathrm{j}\varphi}\mathrm{e}^{-2(\beta+\mathrm{j}a)x} = \left|\frac{Z_L-Z_0}{Z_L+Z_0}\right|\mathrm{e}^{-2\beta x}\mathrm{e}^{-\mathrm{j}(2ax-\varphi)} \tag{5.1-4}$$

当 $x=0$ 时，则 $\Gamma_x=\Gamma_0$，Γ_0 称为终端反射系数。

$$\Gamma_0=\left|\frac{Z_\mathrm{L}-Z_0}{Z_\mathrm{L}+Z_0}\right|\mathrm{e}^{\mathrm{j}\varphi} \tag{5.1-5}$$

$\left|\Gamma_0\right|=\left|\dfrac{Z_\mathrm{L}-Z_0}{Z_\mathrm{L}+Z_0}\right|$ 称为终端反射系数的模。φ 为终端反射系数的相角。

当终端开路时，$Z_\mathrm{L}=\infty$，则

$$\Gamma_0=1\angle0^\circ \tag{5.1-6}$$

此时终端电压出现最大值，称为全反射（全电压反射），终端电流为 0。

已知传输线驻波比为

$$\mathrm{VSWR}=\frac{U_{波腹}}{U_{波谷}}=\frac{I_{波腹}}{I_{波谷}}=\frac{1+\left|\Gamma\right|}{1-\left|\Gamma\right|} \tag{5.1-7}$$

显然开路线驻波比为 ∞，反射系数为 1。

四、实验仪器

RZ9908E 型射频微波与天线综合实验平台：　　　1 套

开槽线专用探头：　　　1 个

五、实验内容

图 5.1-1 为有源开槽线实物图，其中左侧的 SMA 接头是开槽线输入，右侧的 SMA 接头为输出。输入信号常由 PLL+VCO 模块提供，传输线开路测量时右侧的 SMA 输出接头接开路负载或什么也不接。

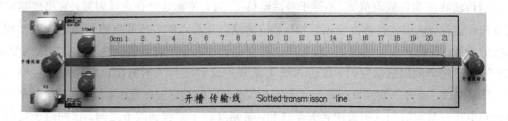

图 5.1-1　有源开槽线的实物图

开路微带传输线驻波比（反射系数）测量框图如图 5.1-2 所示。

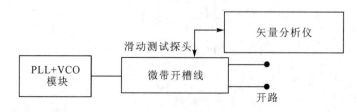

图 5.1-2　开路微带传输线驻波比测量框图

（1）按图 5.1-2 连接电路，终端接开路负载。

（2）用专用探头在开槽线上滑动，观察开槽线终端开路时沿线驻波分布，记录波腹、波谷电平及位置刻度。根据波腹、波谷电平可计算驻波比（VSWR）；根据两相邻波谷位置

的距离差,可计算波长和频率,并与信号源频率进行对比。

(3) 驻波比(VSWR)计算。先求波腹、波谷电平(对数)差值,然后将电平差值(对数)转换成倍数 K,则驻波比为 VSWR $= \sqrt{K}$。对开路线而言,$\sqrt{K}$ 很大,理论上开路时 VSWR$=\infty$。

根据实测的驻波比计算反射系数,公式如下:

$$|\Gamma| = \frac{\text{VSWR}-1}{\text{VSWR}+1}$$

(4) 波长和频率计算。两相邻波谷位置差为 $\lambda/2$(两相邻波腹位置差也为 $\lambda/2$,但不易准确测量),据此可求出波长和频率。请特别注意,此波长为电波在介质板中传播的波长,需乘以 $\sqrt{\varepsilon}$ 将它等效为空气中波长,再计算频率。要求在压控振荡器频率的低、中、高选三个频率测试。

(5) 研究性实验:开槽线终端开路时,始端阻抗、驻波比、回波衰减、回波相位等的测量。
① 启动矢量网络分析仪,进入测量界面,进行参数设置和校准操作。
② 开槽线终端开路时,始端与矢量分析仪的 DUT 连接。
③ 等待扫描完成,则被测部件相应的参数图形显示在屏幕上,选择驻波比 SWR 显示。

六、注意事项

(1) 滑动探头测得的电平并非传输线在该位置电场的真实数值,它仅仅耦合了该位置电场很小一部分能量,它的大小能表示传输线该点信号的相对强弱。

(2) 驻波比与反射系数计算公式中均需用电压进行计算。频谱仪测量的是功率电平,换算时应注意它们之间的关系。

(3) 驻波比可直接进行测量。

七、报告要求

(1) 写出实验目的和内容。
(2) 简述终端开路微带线驻波比及反射系数测量原理,并画出实验测量框图。
(3) 写出实验体会。

5.2 终端匹配微带线驻波比及反射系数测量实验

一、实验目的

(1) 了解行波的特点。
(2) 掌握终端匹配时(即行波状态)驻波比及反射系数的测量方法。

二、预习要求

(1) 什么是传输线的行波工作状态?有什么样的分布特点?它是如何实现的?
(2) 了解终端匹配传输线的阻抗与工作状态。
(3) 了解终端匹配传输线驻波比的测量方法。

三、实验原理

当传输线终端接上等于特性阻抗的匹配负载时，入射波的能量被负载全部吸收，终端无反射现象，因而传输线上只有入射波，在此情况下，传输线上的波称为行波，其电压、电流的数学表示式为

$$U = \sqrt{2}U_1 \mathrm{e}^{-\beta x} \cos(\omega t - ax) \qquad (5.2-1)$$

$$i = \sqrt{2}I_1 \mathrm{e}^{-\beta x} \cos(\omega t - ax + \varphi_C) \qquad (5.2-2)$$

式中，φ_C 为特性阻抗的相角，当特性阻抗 $Z_C = R_C = 50\ \Omega$ 时，$\varphi_C = 0$，则电流、电压同相；$\mathrm{e}^{-\beta x}$ 为衰减因子，通常是很小的。长距离传输时，行波幅度逐渐减小，这是传输线的线阻和漏电导引起的。较短长度的传输线看不出衰减。

式(5.2-1)和式(5.2-2)还说明行波电压、电流是时间和位置的函数，式中 x 是指以始端为起点的距离。

由于 $v_\mathrm{p} = \dfrac{\Delta x}{\Delta t} = \dfrac{\omega}{a}$ 称为相速度，又由于传输线相位相同的相邻两点距离为一个波长，则波长的物理意义是在一周时间内，波在传输线上所行进的距离。行波状态下，传输线上沿线的阻抗均为特性阻抗。

四、实验仪器

RZ9908E 型射频微波与天线综合实验平台：	1 套
开槽线专用探头：	1 个
50 Ω 匹配负载：	1 个

五、实验内容

终端匹配微带线驻波比及反射系数测量框图如图 5.2-1 所示

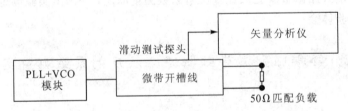

图 5.2-1　终端匹配微带线驻波比及反射系数测量框图

（1）按图 5.2-1 连接电路，终端接匹配负载。

（2）用专用探头在开槽线上滑动，观察开槽线终端匹配时沿线行波分布。由于传输线阻抗或匹配负载不标准，此时沿线电场分布可能会稍有起伏。记录电平的起伏，据此可计算驻波比和反射系数。

（3）驻波比(VSWR)计算。先求起伏最大与最小电平差(对数)，然后将电平差值(对数)转换成倍数 K，则驻波比 VSWR$=\sqrt{K}$。对匹配线而言，$\sqrt{K}$ 趋于 1。理论上匹配时

SWR=1，则反射系数$|\varGamma|=0$。

（4）研究性实验：开槽线终端匹配时，始端阻抗、驻波比、回波衰减、回波相位等的测量。

① 进入矢量网络分析仪测量界面，进行参数设置和校准操作。

② 开槽线终端匹配时，始端与矢量分析仪的 DUT 连接。

③ 等待扫描完成，则被测部件相应的参数图形显示在屏幕上，选择驻波比（VSWR）显示。

六、实验注意事项

（1）滑动探头测得的电平并非传输线在该位置电场的真实数值，它仅仅耦合了该位置电场的很小一部分，它的大小能表示传输线上该点信号的相对强弱。

（2）反射系数与驻波比计算公式中均需用电压进行计算，而频谱仪测量的是功率，换算时应注意它们之间的关系。

（3）驻波比可直接进行测量。

七、报告要求

（1）写出实验目的和内容。

（2）简述终端匹配微带线反射系数及驻波比测量原理，并画出实验测量框图。

（3）写出实验体会。

5.3　λ/4 线阻抗变换器的设计与调整实验

一、实验目的

（1）了解 λ/4 线阻抗变换器的作用与工作原理。

（2）掌握 λ/4 线阻抗变换器的设计、调整方法。

二、预习要求

（1）了解 λ/4 线阻抗变换器的工作原理。

（2）掌握 λ/4 线阻抗变换器的设计方法。

三、实验原理

当负载阻抗和传输线特性阻抗不等，或两段特性阻抗不同的传输线相连接时均会产生反射，可以用阻抗变换器来实现匹配。本实验仅对 λ/4 阻抗变换器进行设计。

四、实验仪器

RZ9908E 型射频微波与天线综合实验平台：　　　　1 套

120 Ω 失配负载：   1个

铜皮：   1块

电压分布测试探头：   1个

德力 SA8300B－E 频谱仪：   1台

五、实验内容

1. 线阻抗变换器原理及设计方法

$\lambda/4$ 线阻抗变换器如图 5.3－1 所示。若 $\lambda/4$ 线阻抗变换器的特性阻抗为 Z_0，负载电阻为 R_L，输入阻抗为 R_{in}，则它们之间的关系为 $R_{in}R_L = Z_0^2$。显然若 R_L 增大，则 R_{in} 减小，反之亦然；若 R_{in}、R_L 均为确定值，则可通过设计 Z_0 的数值实现阻抗匹配（或称变换）。

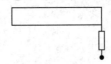

图 5.3－1 $\lambda/4$ 线阻抗变换器

$\lambda/4$ 线阻抗变换器有如下特点：

（1）传输线长度为 $\lambda/4$。

（2）负载为纯电阻时，则输入阻抗也为纯电阻。

（3）有阻抗变换作用，将 R_L 变换为 R_{in}，它们之间的数值关系为 $R_{in} = Z_0^2/R_L$。

$\lambda/4$ 线阻抗变换器经常被用于传输线匹配。通常微波传输线要求的阻抗为 50 Ω，但负载常常不是 50 Ω，这样传输线与负载不匹配，传输的能量就会损失。采用 $\lambda/4$ 线阻抗变换器能实现传输线匹配。

$\lambda/4$ 线阻抗匹配器要求终端负载是纯电阻，如果实际负载不是纯电阻，则可在靠近负载的波腹或波节处插入 $\lambda/4$ 线阻抗匹配器，以保证 $\lambda/4$ 线阻抗匹配器终端是一纯电阻等效负载。

非纯阻负载时 $\lambda/4$ 线阻抗变换器的接入点位置可用频谱仪及滑动测试探头测量确定，这种方法最简单方便。测试框图如图 5.3－2 所示，开槽微带线始端接微波信号源，频率置于待匹配的工作频率；终端接待匹配负载。用滑动测试探头沿开槽线滑动测量，寻找波腹点和波节点，因为波腹和波节处的阻抗为纯电阻。波腹点对应的纯阻阻值大，波节点对应的纯阻阻值小。沿开槽线滑动探头，能检测到多个波腹点和波节点。选择波节点是因为它对应的 $\lambda/4$ 线阻抗变换器铜皮较开槽线铜皮宽，实现比较方便。

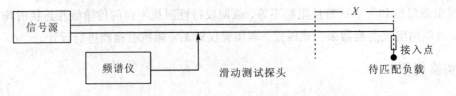

图 5.3－2 频谱仪测定接入点位置方框圆

由于 X 点的阻抗对应波节点,因此 λ/4 线阻抗匹配器的特性阻抗总是小于原传输线的特性阻抗。所以制作 λ/4 线阻抗变换器只要剪一长度为 $\lambda_\varepsilon/4$(ε 为介质板的介电常数,λ_ε 为电磁波在该介质中的波长),宽度略大于开槽线的铜皮摆放的位置,如图 5.3-3 所示。铜皮宽对应的 λ/4 线阻抗变换器的特性阻抗小,并且上下移动铜皮位置,还可微调 λ/4 线阻抗匹配器的特性阻抗。

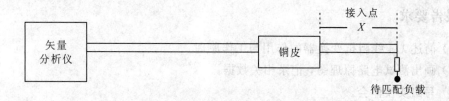

图 5.3-3 铜皮摆放位置示意图

实验中有如下几点须特别给予关注:

(1) λ/4 线有阻抗变换作用,它要求负载必须是纯电阻。

(2) 同一基板上微带线的特性阻抗由线的宽度决定。

(3) 不同基板的介电常数 ε 值不同,特别是普通环氧树脂板一致性差,λ_ε 及 ε 可由实验测定。

(4) 如用 SMA 接头,每个接头长度为 7~10 mm,应计入传输线长度内。

(5) 给定长度的 λ/4 线阻抗变换器仅适用于某特定频率。

2. 实验步骤

具体实验步骤如下:

(1) 介质板 λ_ε 的测定及参数 ε 的计算。按图 5.3-2 连接电路。

① 使信号源频率等于工作频率,微带线终端开路(此时沿线电压为驻波分布,波节点位置明显,便于测量)。用专用探头沿微带线从负载向源端滑动,记录波节点的位置。两相邻波节点距离差即为 $\lambda_\varepsilon/2$。

② 计算信号源频率,求空气中信号源波长 λ。

③ 计算参数 ε。

$$\varepsilon = \sqrt{\frac{\lambda}{\lambda_\varepsilon}} \qquad (5.3-1)$$

(2) 接入点 X 位置的确定。开槽微带线始端接微波信号源,频率置于待匹配的工作频率,负载接待匹配负载。用滑动测试探头沿开槽线滑动,寻找波节点。波节点可能有多个,例如选择最靠近负载端的一个波节点 X 为接入点。

(3) 接入 $\lambda_\varepsilon/4$ 铜皮匹配器。在 X 点处源侧贴铜皮,铜皮的长度等于工作频率的 $\lambda_\varepsilon/4$ (即前面测得的两相邻节点距离的一半),宽度稍大于微带线宽度,注意铜皮应平整,并紧贴于微带线。

(4) λ/4 线阻抗变换器调节。按图 5.3-3 连接电路,用矢量分析仪测量始端阻抗 $Z_{始}$,使 $Z_{始}$ 逼近 50 Ω。铜皮长度应严格保证为 $\lambda_\varepsilon/4$,若测得的阻抗不为纯阻,可左右微调接入点位置；若测得的电阻不为 50 Ω，则可上、下调整铜皮位置，使输入阻抗趋于 50 Ω。若反复调整，测得的阻抗始终大于 50 Ω，则需减小铜皮宽度，反之应增加铜皮宽度。

六、注意事项

铜皮长度应严格保证为 $\lambda_e/4$，注意铜皮应平整，并紧贴于微带线上。

七、报告要求

（1）简述 $\lambda/4$ 线阻抗变换器的作用与工作原理。
（2）画出测试电路原理图，记录相关数据。
（3）写出实验体会。

5.4　微波定向耦合器特性测试实验

一、实验目的

（1）了解定向耦合器的工作原理。
（2）掌握定向耦合器的测量。

二、预习要求

（1）理解微波定向耦合器的工作原理及特性。
（2）明确微波定向耦合器技术指标的意义。
（3）了解微波定向耦合器的设计方法。

三、实验原理

定向耦合器是一种具有定向传输特性的四端口无源微波网络，包含主线和副线两部分，在主线中传输的微波功率经过小孔或间隙等耦合元件将一部分功率耦合到副线中去。波的干涉和叠加使功率仅沿副线的一个方向传输，而副线的另一方向几乎没有功率输出。定向耦合器的工作原理如图 5.4-1 所示。

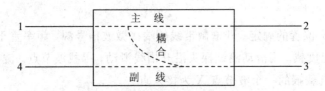

图 5.4-1　定向耦合器的工作原理

图 5.4-1 中端口 1、2 之间连线为主线，端口 3、4 之间连线为副线。当信号沿主线从端口 1 到 2 传输，则在副线端口 3 功率输出较大，而端口 4 功率输出较小。反之，当信号沿主线从端口 2 到 1 传输，则在副线端口 4 功率输出较大，而端口 3 功率输出较小。定向耦合器实物图如图 5.4-2 所示。

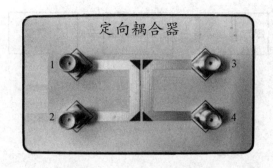

图 5.4-2　定向耦合器的实物图

　　微带定向耦合器因其传输的不是纯 TEM 模，而是具有色散特性的混合模，故分析起来较为复杂，一般采用准 TEM 模的奇偶模法进行分析。从物理概念上可以这样来理解：由于微带定向耦合器主线与副线距离很近，两线之间存在电容耦合和互感耦合，这两种耦合在辅线上均会产生耦合电势，但由于耦合的机理不同，它们的传播方向与相位各不相同，因而经叠加在副线两个输出端会出现不同的输出功率，从而出现单向传送的现象。输出功率大的端口为正向输出端，输出功率小的则为反向输出端。本实验中端口 1 为输入、端口 2 为输出时，端口 3 是正向耦合输出，端口 4 是隔离输出。

　　主线输出功率测量框图如图 5.4-3 所示。实际测量时信号从端口 1 输入，端口 3 和 4 需接 50 Ω 负载，端口 2 接频谱仪，测得主线输出功率为 P_2。

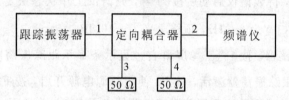

图 5.4-3　主线输出功率测量框图

　　定向耦合器耦合度测量框图如图 5.4-4 所示。当信号从端口 1 输入时，端口 2 和 4 需接 50 Ω 负载，端口 3 接频谱仪，测得耦合端输出功率为 P_3，此时测得的功率较大，此功率与端口 1 输入功率之差，则为定向耦合器正向耦合衰减（衰减数值较小）。

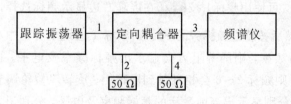

图 5.4-4　定向耦合器耦合度测量框图

　　定向耦合器隔离度测量框图如图 5.4-5 所示。当信号从端口 1 输入时，端口 2 和 3 需接 50 Ω 负载，端口 4 接频谱仪，测得隔离段输出功率为 P_3，此时测得的功率较小，此功率与端口 1 输入功率之差，则为定向耦合器隔离衰减（衰减数值较大）。若用跟踪振荡器作为信号源，则跟踪振荡器的输出就是 P_1。

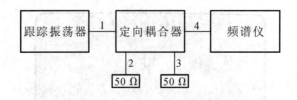

图 5.4 - 5　定向耦合器隔离度测量框图

四、实验仪器

RZ9908E 型射频微波与天线综合实验平台：　　　1 套

50 Ω 匹配负载：　　　　　　　　　　　　　　　2 个

德力 SA8300B - E 频谱仪：　　　　　　　　　　1 台

五、实验内容

1. 主线输入功率 P_1 测量

若用跟踪振荡器作测试信号源，则主线输入功率 P_1 就是跟踪振荡器的频响。

（1）测量跟踪振荡器频响。用电缆将频谱仪的 RF UOT（跟踪振荡器输出）与 RF INPUT 直接连接。

（2）频谱仪加电，待频谱仪启动后按 PRESET，频谱仪工作状态恢复为工厂预设状态：中心频率为 1.5 GHz，扫宽为 3 GHz，顶格电平为 -10 dB。

（3）开启跟踪振荡器。按 MODE 屏幕右边显示条显示跟踪振荡器，按屏幕跟踪振荡器右侧的 F6 键，则跟踪振荡器激活，按 F1 使跟踪源电源开启，按 F2 使跟踪振荡器电平调节激活，旋转飞梭轮或用数字键调节跟踪振荡器电平，如设为 0 dB。

（4）调节频谱曲线在屏幕显示的上、下位置。按 AMPT，旋转飞梭轮，将频谱曲线调节至合适位置，如使顶格电平为 10 dB。在屏幕中心位置便可清楚地观测到跟踪振荡器的频响。

（5）为准确读数，可使用频标。按 MARK 在屏幕右边显示频标选择，按 F1 可选 1～6 个频标。如选频标 1，然后按普通频标旁的 F2，则频标 1 会跳上屏幕中心位置，旋转飞梭调节频标到所要测试的频率，则屏幕上方会显示出频标频率及电平。再按 F1 可选择频标 2～6，选定后按 F2，则频标 2～6 会相继跳到屏幕上。旋转飞梭轮调节频标到所要测试的频率，则屏幕上方会分别显示出当前激活的频标频率及电平，分别记录 6 个选定的频率及功率 P_1。

2. 主线输出功率 P_2 测量

（1）按图 5.4 - 3 进行电路连接，测定主线输出功率 P_2。

（2）按上述同样方法可测得 6 个功率 P_2 的值。

（3）记录 P_1、P_2 的测量数据如表 5.4 - 1 所示，表中数据为参考结果。

表 5.4-1　微波定向耦合器 P_1、P_2 的测量数据

频率/GHz	1.7	1.8	1.9	2.0	2.1	2.2
功率 P_1/dB	−2	−1.8	−1.7	−2.4	−2.2	−2.5
功率 P_2/dB	−4.5	−3.8	−4	−5	−6.3	−7.2

3. 定向耦合器耦合度测量

(1)定向耦合器耦合度测量电路连接如图 5.4-4 所示。

(2)若测量主线输出功率时频谱仪已调整好，按图 5.4-4 连接电路，不用调整频谱仪便能测定副线正向耦合端(端口 3)功率 P_3。

(3)按上述方法，利用频标能逐点准确测量各频点的功率 P_3。

(4)记录 P_3 的测量数据如表 5.4-2 所示，表中数据为参考结果。

表 5.4-2　微波定向耦合器 P_3 的测量数据

频率/GHz	1.7	1.8	1.9	2.0	2.1	2.2
功率 P_3/dB	−18.2	−15.5	−14	−14.1	−16.1	−18

根据 P_1 和 P_3 的数值可按下式计算定向耦合器耦合度 C（dB）：

$$C = 10\lg\frac{P_1}{P_3} = P_1 - P_3 \qquad (5.4-1)$$

计算结果如表 5.4-3 所示。

表 5.4-3　定向耦合器耦合度计算结果

实 测 值			计 算 值
$f=1.7\,\text{GHz}$	$P_1 = -2.0\,\text{dB}$	$P_3 = -18.2\,\text{dB}$	$C = -2.0\,\text{dB} - (-18.2\,\text{dB}) = 16.2\,\text{dB}$
$f=1.8\,\text{GHz}$	$P_1 = -1.8\,\text{dB}$	$P_3 = -15.5\,\text{dB}$	$C = -1.8\,\text{dB} - (-15.5\,\text{dB}) = 13.7\,\text{dB}$
$f=1.9\,\text{GHz}$	$P_1 = -1.7\,\text{dB}$	$P_3 = -14.0\,\text{dB}$	$C = -1.7\,\text{dB} - (-14.0\,\text{dB}) = 12.3\,\text{dB}$
$f=2.0\,\text{GHz}$	$P_1 = -2.2\,\text{dB}$	$P_3 = -14.1\,\text{dB}$	$C = -2.2\,\text{dB} - (-14.1\,\text{dB}) = 11.9\,\text{dB}$
$f=2.1\,\text{GHz}$	$P_1 = -2.4\,\text{dB}$	$P_3 = -16.1\,\text{dB}$	$C = -2.4\,\text{dB} - (-16.1\,\text{dB}) = 13.7\,\text{dB}$
$f=2.1\,\text{GHz}$	$P_1 = -2.5\,\text{dB}$	$P_3 = -18.0\,\text{dB}$	$C = -2.5\,\text{dB} - (-18.0\,\text{dB}) = 15.5\,\text{dB}$

可以看出 $f=2.0\,\text{GHz}$ 时正向耦合度最好，其次是 1.9 GHz。

4. 定向耦合器隔离度测量。

(1)定向耦合器隔离度测量电路连接如图 5.4-5 所示。

(2)若频谱仪已调整好，则按图 5.4-5 连接，不用调整频谱仪便能测定副线隔离端(端口 4)功率 P_4。

（3）按上述方法，利用频标能逐点准确测量各频点的功率 P_4。

（4）记录 P_4 的测量数据如表 5.4-4 所示，表中数据为参考结果。

表 5.4-4　微波定向耦合器 P_4 的测量数据

频率/GHz	1.7	1.8	1.9	2.0	2.1	2.2
功率 P_4/dB	−22.2	−19.6	−18.4	−17.7	−18.9	−19.9

根据 P_1 和 P_4 的数值可按下式计算定向耦合器隔离度（dB）：

$$I = 10\lg \frac{P_1}{P_4} = P_1 - P_4 \tag{5.4-2}$$

计算结果如表 5.4-5 所示。

表 5.4-5　定向耦合器隔离度计算结果

实测值			计算值
$f=1.7\ \text{GHz}$	$P_1=-2.0\ \text{dB}$	$P_4=-22.2\ \text{dB}$	$I=-2.0\ \text{dB}-(-22.2\ \text{dB})=20.2\ \text{dB}$
$f=1.8\ \text{GHz}$	$P_1=-1.8\ \text{dB}$	$P_4=-19.6\ \text{dB}$	$I=-1.8\ \text{dB}-(-19.6\ \text{dB})=17.8\ \text{dB}$
$f=1.9\ \text{GHz}$	$P_1=-1.7\ \text{dB}$	$P_4=-18.4\ \text{dB}$	$I=-1.7\ \text{dB}-(-18.4\ \text{dB})=16.7\ \text{dB}$
$f=2.0\ \text{GHz}$	$P_1=-2.2\ \text{dB}$	$P_4=-17.7\ \text{dB}$	$I=-2.2\ \text{dB}-(-17.7\ \text{dB})=15.5\ \text{dB}$
$f=2.1\ \text{GHz}$	$P_1=-2.4\ \text{dB}$	$P_4=-18.9\ \text{dB}$	$I=-2.4\ \text{dB}-(-18.9\ \text{dB})=16.5\ \text{dB}$
$f=2.2\ \text{GHz}$	$P_1=-2.5\ \text{dB}$	$P_4=-19.9\ \text{dB}$	$I=-2.5\ \text{dB}-(-19.9\ \text{dB})=17.4\ \text{dB}$

可以看出 $f=1.7\ \text{GHz}$ 时反向隔离度最好，其次是 1.8 GHz。

5. 定向耦合器方向度 D 的计算

从上述测量结果看出 $P_3 \gg P_4$，所以定向耦合器具有方向性，设方向度以 D 表示：

$$D = I - C \tag{5.4-3}$$

计算结果如表 5.4-6 所示。

表 5.4-6　定向耦合器方向度计算结果

实　测　值			计　算　值
$f=1.7\ \text{GHz}$	$C=16.2\ \text{dB}$	$I=20.2\ \text{dB}$	$D=20.2\ \text{dB}-16.2\ \text{dB}=4.0\ \text{dB}$
$f=1.8\ \text{GHz}$	$C=13.7\ \text{dB}$	$I=17.8\ \text{dB}$	$D=17.8\ \text{dB}-13.7\ \text{dB}=4.1\ \text{dB}$
$f=1.9\ \text{GHz}$	$C=12.3\ \text{dB}$	$I=16.7\ \text{dB}$	$D=16.7\ \text{dB}-12.3\ \text{dB}=4.4\ \text{dB}$
$f=2.0\ \text{GHz}$	$C=11.9\ \text{dB}$	$I=15.5\ \text{dB}$	$D=15.5\ \text{dB}-11.9\ \text{dB}=3.6\ \text{dB}$
$f=2.1\ \text{GHz}$	$C=13.7\ \text{dB}$	$I=16.5\ \text{dB}$	$D=16.5\ \text{dB}-13.7\ \text{dB}=2.8\ \text{dB}$
$f=2.2\ \text{GHz}$	$C=15.5\ \text{dB}$	$I=17.4\ \text{dB}$	$D=17.4\ \text{dB}-15.5\ \text{dB}=1.9\ \text{dB}$

可以看出 $f=1.9$ GHz 定向耦合器方向性最好，其次是 1.8 GHz。

6. 研究性实验：定向耦合器各端口阻抗、驻波比、回波衰减、回波相位等的测量

（1）矢量分析仪工作于 SOLT(T/R)模式，进行手动校准或加载校准文件。

（2）定向耦合器被测端口与矢量分析仪的 DUT 连接，其他端口均接 50 Ω，被测部件相应的参数图形显示在屏幕上。

（3）若要改变显示参数，点击屏幕中红色或蓝色下拉框，会出现选择测量参数的下拉菜单，选择想要测试的参数并点击下拉菜单中该参数名称，则屏幕会显示该参数图形。软件界面下方显示各项反射参数数值，用鼠标拖动长条上的方形滑块，左侧各项参数数值随之改变。

需要注意的是：定向耦合器共有四个端口，端口回波衰减、回波相位、阻抗的各项数值及驻波比等参数应逐一测量。特别强调指出，测量某一端口各项参数时，另外三个端口必须接 50 Ω 负载。

7. 研究性实验：定向耦合器各端口阻抗圆图测量

在实验内容 6 的基础上，观察软件界面左侧的阻抗圆图。

8. 研究性实验：定向耦合器传输参数测量

（1）矢量分析仪工作于 SOLT(T/R)模式，进行手动校准或加载校准文件。

（2）定向耦合器主线传输衰减测量：定向耦合器端口 1 与矢量分析仪 DUT 连接；定向耦合器端口 2 与矢量分析仪 DET 连接；其余端口接 50 Ω 匹配负载。被测部件相应的参数图形显示在屏幕上，其中 mag(S21)就是定向耦合器主线传输衰减。

（3）定向耦合器耦合度测量：定向耦合器端口 1 与矢量分析仪 DUT 连接；定向耦合器端口 3 与矢量分析仪 DET 连接；其余端口接 50 Ω 匹配负载。被测部件相应的参数图形显示在屏幕上，其中 mag(S21)就是定向耦合器耦合度。

（4）定向耦合器隔离度测量：定向耦合器端口 1 与矢量分析仪 DUT 连接；定向耦合器端口 4 与矢量分析仪 DET 连接；其余端口接 50 Ω 匹配负载。被测部件相应的参数图形显示在屏幕上，其中 mag(S21)就是定向耦合器隔离度。

在测量 S21 参数的同时还能测得端口间相移和时延参数。

把此测量结果与频谱仪测量结果作比较，两者应近似。

六、注意事项

（1）定向耦合器主线输入功率不一定要 0 dB，只要频谱曲线在屏幕上位置适中，功率大小关系不大。但若功率太低，噪声可能影响测量精度。

（2）请注意隔离度与方向性的定义：方向性为副线反向耦合功率与正向耦合功率之比；隔离度为反向耦合功率与主线输入功率之比。

（3）耦合度、方向性、隔离度公式中若功率以 W 为单位则需求对数，这是因为频谱仪测试数据是以对数表示的，计算耦合度、方向性、隔离度时不能再求对数。

（4）测量定向耦合器输入端反射系数、驻波比、输入阻抗时接入的环形器工作频率必须与被测器件工作频率一致。

(5) 参考实验结果为隔离度约 14.4 dB, 耦合度约 11.6 dB。

七、报告要求

(1) 写出实验目的和内容。

(2) 按实测的频谱响应画出定向耦合器的频谱图。

(3) 试分析定向耦合器的工作原理, 举例说明定向耦合器的用途。

(4) 写出实验体会。

5.5　微波功分器特性测试实验

一、实验目的

(1) 了解微波功分器的作用与工作原理。

(2) 掌握微波功分器的测量与使用方法。

二、预习要求

(1) 理解微波功分器的工作原理及特性。

(2) 明确微波功分器的插损、功率分配比、输入及输出端反射系数等指标的意义。

(3) 了解微波功分器的设计方法及其结构特点。

三、实验原理

微波功分器是将输入功率按一定比例分成若干路输出的元件。按输出功率比例不同,可分为等功率分配器和不等功率分配器, 其中最常见的是两路等功率分配器。大功率功分器常采用同轴线, 中小功率功分器常采用微带线。本实验平台的功分器为微带两路等功率功分器, 实物如图 5.5-1 所示。端口 2 为输入, 端口 1、3 为输出。端口 2 的输入功率一分为二, 一半功率从端口 1 输出, 另一半从端口 3 输出。

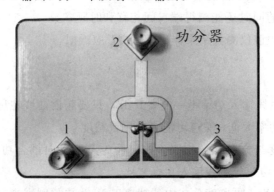

图 5.5-1　微带两路等功率功分器的实物图

下面简单介绍微带微波功分器电路。微带微波功分器印刷电路中有一个细线方框, 它由两条特性阻抗为 70.7 Ω 的 $\lambda/4$ 线组成。每个端口较粗的线段的特性阻抗为 50 Ω。根据 $\lambda/4$ 线阻抗变换原理，端口 1 和端口 3 若接 50 Ω 电阻，经 $\lambda/4$ 线变换后阻值变为 100 Ω（$70.7^2/50=100$），并且两个 100 Ω 电阻并联后与端口 2 连接，因此功分器端口 2 阻抗为 50 Ω。当功率从 2 端输入，若信源阻抗为 50 Ω，则功分器与信源阻抗匹配，其功率平分至端口 1、3 输出。为增加端口 1、3 之间的隔离度，它们之间接有 100 Ω 电阻。

接入 100 Ω 电阻，提高端口 1、3 之间的隔离度的原理解释如下：

接入 100 Ω 电阻后 1 到 3 的通路有两条：

（1）从 1 端经 100 Ω 电阻直达 3 端，因是电阻传输，故没有相移，并且从 3 端向左看去对地阻抗为（100＋50）Ω（其中 50 Ω 是 1 端对地阻抗）。

（2）从 1 端经 2 段 $\lambda/4$ 细线到达 3 端，因此传输相移为 180°，与电阻耦合的信号相位相反，并且从 3 端经 2 段 $\lambda/4$ 细线看去对地阻抗也为 150 Ω。这是因为 1 端 50 Ω 经一段 $\lambda/4$ 细线（特性阻抗为 70.7 Ω）到达 2 端阻抗变为 100 Ω，它与 2 端 50 Ω 端接阻抗并联，阻抗变为 33.33 Ω，再经一段 $\lambda/4$ 细线（特性阻抗为 70.7 Ω）到达 3 端阻抗变为 150 Ω。

上述两路信号在接入 100 Ω 电阻后，从 3 端看两路对地阻抗相等，相位相反，因此信号相消，故提高了 1 与 3 端之间的隔离度。

对两路等功率功分器的技术要求主要是：端口 2 无反射；端口 1、3 输出功率相等；端口 1、3 功率之和等于或略小于端口 2 输入功率，损耗的功率越小越好。微波功分器插损测量框图如图 5.5-2 所示。

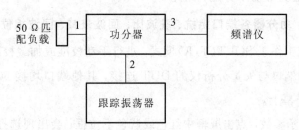

图 5.5-2　微波功分器插损测量框图

四、实验仪器

RZ9908E 型射频微波与天线综合实验平台：　　　1 套

50 Ω 匹配负载：　　　　　　　　　　　　　　　2 个

德力 SA8300B-E 频谱仪：　　　　　　　　　　1 台

五、实验内容

1. 跟踪振荡器输出功率 P_1 频谱测量

将德力 SA8300B-E 频谱仪直接与跟踪振荡器连接，测得跟踪振荡器输出功率 P_2。

跟踪振荡器输出功率 P_2 频谱应基本是平的，仅高端有些振荡，这是不匹配引起的。

2. 微波功分器插损测量

插损测量电路如图 5.5-2 所示。跟踪振荡器接功分器端口 2，频谱仪输入接功分器端口 1，功分器端口 3 应接 50 Ω 负载。功分器端口 1 输入功率为 P_1，此时端口 2 输出功率为 P_2，则插损为 P_2-P_1。理想情况下 $P_2-P_1=3$ dB，由于介质板损耗及设计制作误差，插损略大于 3 dB。

记录 P_1、P_2 的测量数据如表 5.5-1 所示，表中数据为参考结果。

表 5.5-1　微波功分器 P_1、P_2 的测量数据

频率/GHz	1.7	1.8	1.9	2.0	2.1	2.2
P_2/dB	−2	−1.8	−1.7	−2.4	−2.2	−2.5
P_1/dB	−5.6	−5.5	−6.6	−7.5	−9.3	−9.8
插损/dB	3.6	3.7	4.9	5.1	7.1	7.3

可见该功分器工作于 1.7 GHz 附近时插损约为 3.6 dB。

用同样的方法可测量功分器端口 2 到 3 的插损为 P_2-P_3。此时只要频谱仪输入接功分器端口 3，功分器端口 1 接 50 Ω 负载。

根据测得的 P_1 和 P_3 还可计算出功率分配比 $k=\sqrt{\dfrac{P_2}{P_3}}$（功率单位应转换为 mW 或 W 计算）。本实验的功分器为等功率分配，因此 $k=1$。

3. 研究性实验：功分器各端口阻抗、驻波比、回波衰减、回波相位等测量

（1）矢量分析仪工作于 SOLT(T/R) 模式，进行手动校准或加载校准文件。

（2）功分器被测端口与矢量分析仪的 DUT 连接，其他端口均接 50 Ω，被测部件相应的参数图形显示在屏幕上。

（3）若要改变显示参数，点击屏幕中红色或蓝色下拉框，会出现选择测量参数的下拉菜单，选择想要测试的参数并点击下拉菜单中该参数名称，则屏幕会显示该参数图形。软件界面下方显示各项反射参数数值，用鼠标拖动长条上的方形滑块，左侧各项参数数值随之改变。

需要注意的是：功分器共有三个端口，端口回波衰减、回波相位、阻抗的各项数值及驻波比等参数应逐一测量。特别强调指出，测量某一端口各项参数时，另外两个端口必须接 50 Ω 负载。

4. 研究性实验：功分器各端口阻抗圆图测量

在实验内容 3 的基础上，观察软件界面左侧的阻抗圆图。

5. 研究性实验：功分器传输参数（插损、功率分配比）的测量

（1）矢量分析仪工作于 SOLT(T/R) 模式，进行手动校准或加载校准文件。

（2）功分器插损测量：功分器端口 2 与矢量分析仪 DUT 连接；功分器端口 1 与矢量分析仪 DET 连接；其余端口接 50 Ω 匹配负载。被测部件相应的参数图形显示在屏幕上，其中 mag(S21) 就是功分器 2—1 端口插损，同理可测得功分器 2—3 端口插损。

（3）功分器功率分配比测量：在插损测量基础上，求出两插损之差。本功分器是等分功率，差值越小，说明 1、3 两端口功率分配越均衡。

在测量 S21 参数的同时还能测得端口间相移和时延参数。

六、注意事项

（1）微波功分器测量时，必须在两输出端口接 50 Ω 匹配负载，如果某输出端口接德力 SA8300B - E 频谱仪，由于该频谱仪输入阻抗为 50 Ω，因此接入德力 SA8300B - E 频谱仪相当于接入 50 Ω 匹配负载。

（2）计算功率比和反射系数时，必须将测得的功率转换成以瓦表示，或以电压表示。

（3）等比（$k=1$）功分器的插损大于等于 3 dBm。

（4）插损约为 3.5 dBm，功率分配比为 1。

七、报告要求

（1）写出实验目的和内容。

（2）按实测的频谱响应画出功分器的频谱图。

（3）如何扣除跟踪振荡器频响不理想对功分器特性测试的影响？

（4）写出实验体会，并回答下列问题。

① 功分器的用途有哪些？

② 功分器两输出端隔离度是什么？它有何意义？

③ 功分器有无使用带宽？

5.6 微带环形电桥特性测试实验

一、实验目的

（1）了解微带环形电桥的作用与工作原理。

（2）掌握微带环形电桥的测量与使用方法。

二、预习要求

（1）理解微带环形电桥的工作原理及特性。

（2）明确微波功分器的插损、隔离等指标的意义。

（3）了解微带环形电桥设计方法及其结构特点。

三、实验原理

微带环形电桥是具有非互易特性的分支传输系统，当信号从微带环形电桥的 2 端输入时，则该信号可以从 1 端和 3 端输出，而 4 端无信号。RZ9908E 综合实验平台上的微带环形电桥实物如图 5.6 - 1 所示。

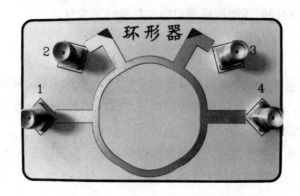

图 5.6 - 1　微带环形电桥的实物图

　　微带环形电桥由全长 $3\lambda/2$ 的环和与它相连的四个分支组成，分支与环并联。端口 1—2、2—3、3—4 之间均相距 $\lambda/4$，端口 1—4 相距 $3\lambda/4$。其中端口 2 为输入，该端口无反射，端口 1、3 因与端口 2 均相距 $\lambda/4$，所以为等幅同相输出，端口 4 为隔离端，它有两条路径与输入端口 2 相连，但两条路径相差 $\lambda/2$，因此端口 2 输入时端口 4 无输出。

　　微带环形电桥实验电路连接如图 5.6 - 2 和图 5.6 - 3 所示。

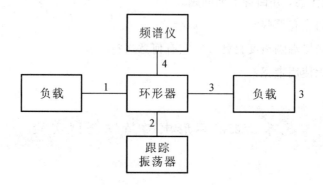

图 5.6 - 2　微带环形电桥隔离度测量框图

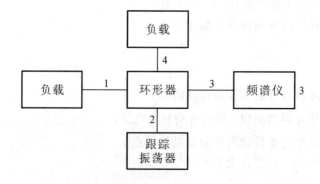

图 5.6 - 3　微带环形电桥插入衰减测量框图

四、实验仪器

RZ9908E 型射频微波与天线综合实验平台：　　　　　1 套

50 Ω 匹配负载：　　　　　　　　　　　　　　　　2 个

德力 SA8300B-E 频谱仪：　　　　　　　　　　　　1 台

五、实验内容

1. 微带环形电桥隔离度测量

（1）按图 5.6-2 连接电路，输出端口 4 的信号功率 P_4 可从德力 SA8300B-E 频谱仪上读出，并作记录。注意进行此项测量时，端口 1、端口 3 均应接入 50 Ω 匹配负载。频谱曲线应有一个衰减谷，其频率为 2.633 GHz，功率 P_4 约为 -46 dB(不同机器数值会有差异)，说明该环形器工作于该频率。若要计算出微带环形电桥的隔离度，还需要测量环形器 2 端在该频率的输入功率。

（2）端口 2 输入功率测量(即跟踪振荡器输出测量)。将德力 SA8300B-E 频谱仪直接与跟踪振荡器连接进行测试，测得跟踪振荡器频率为 2.633 GHz 时输出功率 P_2 应为 -3.3 dB。微带环形电桥隔离度为 $P_2 - P_4$。

2. 微带环形电桥插入衰减(插损)测量(端口 2 至端口 1 或 3 之衰减)

按图 5.6-3 连接电路，输出端口 1、输出端口 4 均应接入 50 Ω 匹配负载，输出端口 3 的信号频谱可由德力 SA8300B-E 频谱仪显示，并对频率为 2.633 GHz 时端口 3 输出功率 P_3 作记录。微带环形电桥端口 2—3 插入衰减为 $P_2 - P_3$。

将频谱仪接到端口 1，端口 3 接 50 Ω 匹配负载，并对频率为 2.633 GHz 时端口 1 输出功率 P_1 作记录。微带环形电桥端口 2—1 插入衰减为 $P_2 - P_1$。

$f = 2.1$ GHz 时上述各项测量结果参考值如表 5.6-1 所示(不同机器数值会有差异)。

表 5.6-1　功率值测量结果

P_2/dB	P_1/dB	P_3/dB	P_4/dB
-2.2	-10.1	-5.8	-14.6

2—1 端口的插入衰减为 7.9 dB。

2—3 端口的插入衰减为 3.6 dB。

隔离度为 12.4 dB。

3. 研究性实验：微带环形电桥各端口阻抗、驻波比、回波衰减、回波相位等的测量

（1）矢量分析仪工作于 SOLT(T/R)模式，进行手动校准或加载校准文件。

（2）环形电桥被测端口与矢量分析仪的 DUT 连接，其他端口均接 50 Ω，被测部件相应的参数图形显示在屏幕上。

（3）若要改变显示参数，点击屏幕中红色或蓝色下拉框，会出现选择测量参数的下拉菜单，选择想要测试的参数并点击下拉菜单中该参数名称，则屏幕会显示该参数图形。软件界面下方显示各项反射参数数值，用鼠标拖动长条上的方形滑块，左侧各项参数数值随之改变。

需要注意的是：环形电桥共有四个端口，端口回波衰减、回波相位、阻抗的各项数值及驻波比等参数应逐一测量，特别强调指出，测量某一端口各项参数时，另外三个端口必须端接 50 Ω 负载。

4. 研究性实验：微带环形电桥各端口阻抗圆图测量

在实验内容 3 的基础上，观察软件界面左侧的阻抗圆图。

5. 研究性实验：微带环形电桥传输参数（隔离度及插损）测量

（1）矢量分析仪工作于 SOLT(T/R) 模式，进行手动校准或加载校准文件。

（2）微带环形电桥隔离度测量：微带环形电桥端口 2 与矢量分析仪 DUT 连接；微带环形电桥端口 4 与矢量分析仪 DET 连接；其余端口接 50 Ω 匹配负载。被测部件相应的参数图形显示在屏幕上，其中 mag(S21) 就是微带环形电桥端口 1—4 隔离度。

（3）微带环形电桥插损测量：微带环形电桥端口 2 与矢量分析仪 DUT 连接；微带环形电桥端口 1 与矢量分析仪 DET 连接；其余端口接 50 Ω 匹配负载。被测部件相应的参数图形显示在屏幕上，其中 mag(S21) 就是微带环形电桥 2—1 端口插损。同理可测得微带环形电桥 2—3 端口插损。

在测量 S21 参数的同时还能测得端口间相移和时延参数。

六、注意事项

（1）微带环形电桥测量时，必须使各输出端口保持 50 Ω 阻抗匹配，如果某端口接信号源或德力 SA8300B-E 频谱仪，相当于接入 50 Ω 匹配负载；未接时必须另外接 50 Ω 匹配负载。

（2）计算反射系数时，必须将测得的功率转换成以瓦表示或以电压表示。

（3）参考实验结果为插入衰减约为 3~8 dB，隔离度为 12.4 dB。

七、报告要求

（1）写出实验目的和内容。

（2）按实测的频谱响应画出环形器的频谱图，并指出它的工作频率。

（3）写出实验体会，并回答下列问题。

① 微带环形电桥的用途有哪些？

② 微带环形电桥隔离度是什么？它有何意义？

③ 微带环形电桥有无使用带宽？

5.7 微波移相器特性测试实验

一、实验目的

(1) 掌握微波移相器工作原理及各项性能指标的意义。
(2) 掌握微波移相器的测量方法。

二、预习要求

(1) 理解微波移相器的工作原理及特性。
(2) 了解微波移相器设计方法，熟悉其结构特点。

三、实验原理

微波移相器是微波工程中重要的部件之一，它能改变信号相位。

微波移相器是控制信号相位变化的控制元件，广泛应用于雷达、通信和测量系统。依据不同的定义方法，移相器可以划分为不同的种类。根据控制方式不同，有模拟式和数字式；根据工作方式的不同，可以分为反射型和传输型；此外，根据电路拓扑的不同，移相器还可以分为加载线型、开关线型等。

移相器的主要技术指标有相移量、相位误差、插入损耗、插损波动、电压驻波比、功率容量、相移开关时间等。

图 5.7-1 为传输型移相器网络框图，其中无源移相网络可以是集总参数网络或分布参数网络，开关设置为串联或并联。移相网络两种状态之间的转换等效于微波信号通过不同的传输路径，移相网络传输相位的变化产生相位移。

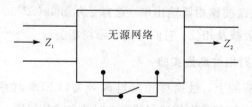

图 5.7-1 传输型移相器网络框图

在实验前有必要首先明确相移的概念。微波移相器的相移通常是指相对相移，对于本实验，就是把开关接通前后的相位差定义为移相器的相移。传输型移相器的实物如图 5.7-2 所示。

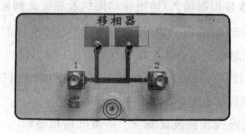

图 5.7-2 传输型移相器的实物图

从图 5.7-2 可以看出它由微带线和 PN 管组成,当移相器电源开关接通＋5 V 电压时,PN 管导通,改变了原电路连接,产生移相(有些型号的移相器未设电源开关,可通过电调衰减器中的电位器改变电压控制 PN 管状态)。

四、实验仪器

RZ9908E 型射频微波与天线综合实验平台:　　　1 套

五、实验内容

微波移相器相移测量必须使用矢量分析仪,实验框图如图 5.7-3 所示。

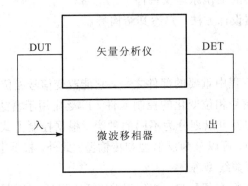

图 5.7-3　微波移相器测量方框图

1. 微波移相器不加电时相位测量实验

(1) 矢量分析仪工作于 SOLT(T/R)模式,进行手动校准或加载校准文件。

(2) 按图 5.7-3 连接电路,矢量分析仪 DUT 输出为 0 dBm,它接微波移相器输入端口;矢量分析仪 DET 接微波移相器输出端,选择显示 mag(S21)、arg(S21)曲线,它就是微波移相器不加电时的衰减及相位。它们与频率密切相关。

2. 微波移相器加电时相位测量实验

(1) 在上面实验的基础上,触摸移相器电源开关(LED9 红色指示灯亮),选择显示 mag(S21)、arg(S21)曲线,它就是微波移相器加电时的衰减及相位。它们与频率密切相关。

(2) 将步骤 1 和 2 对应频率相位相减即为移相器的相移。例如,频率为 2.4 GHz,加电时相位为 135.40°,不加电时相位为 129.17°,因此相移为 6.23°。

3. 研究性实验:微波移相器输入/输出端口阻抗及驻波比测量

(1) 矢量分析仪工作于 SOLT(T/R)模式,进行手动校准或加载校准文件。

(2) 微波移相器输入阻抗测量:微波移相器不加电,输入端口与矢量分析仪的 DUT 连接,输出端口接 50 Ω,则测得的是微波移相器不加电时的输入阻抗及驻波比;微波移相器加电后,用同样方法可测量加电时的输入阻抗及驻波比。

(3) 微波移相器输出阻抗及驻波比测量:将微波移相器输入、输出端口对换即可;同样输出阻抗及驻波比也有不加电和加电两种状态。

具体操作步骤请参考定向耦合器的各端口阻抗及驻波比测量。

4. 研究性实验：微波移相器输入/输出端口阻抗圆图测量

在实验内容 3 的基础上，观察软件界面左侧的阻抗圆图。

5. 研究性实验：微波移相器传输参数（传输衰减、相移、时延）测量

（1）矢量分析仪工作于 SOLT(T/R)模式，进行手动校准或加载校准文件。

（2）微波移相器传输衰减测量：微波移相器输入端与矢量分析仪 DUT 连接；微波移相器输出端与矢量分析仪 DET 连接。被测部件相应的参数图形显示在屏幕上，其中 mag(S21)就是微波移相器传输衰减。

在测量 S21 参数的同时还能测得微波移相器输入/输出相移和时延等参数。

同样，微波移相器传输衰减、相移、时延有加电与不加电之分。

六、注意事项

（1）矢量分析仪应带上测试用电缆校正。

（2）频率为 2.4 GHz，加电时相位参考结果为 135.40°，不加电时相位参考结果为 129.17°，因此相移为 6.23°。

七、报告要求

（1）写出实验目的和内容。
（2）按实测数据画出相位曲线，并解释曲线的意义。
（3）写出实验体会。

5.8 微波带通滤波器特性测试实验

一、实验目的

（1）掌握微波带通滤波器的工作原理及各项性能指标的意义。
（2）掌握微波带通滤波器的测量方法，特别是滤波器频率响应特性的测量。
（3）学习微波带通滤波器设计，熟悉其结构特点。

二、预习要求

（1）理解微波带通滤波器的工作原理及特性。
（2）明确微波带通滤波器的中心频率、带宽等技术指标的意义。
（3）了解微波带通滤波器的设计及其结构特点。
（4）了解微波带通滤波器的测量方法。

三、实验原理

微波带通滤波器是微波工程中重要的部件之一，理想的滤波器应该是这样一种二端口网络，在所要求的频率范围内，能使微波信号无衰减地传输，此频带范围称为通带，在其余的频率范围内使微波信号完全不能传输，这其余的频率范围称为阻带。一个实际的滤波器只能尽可能地接近理想滤波器的特性。

实际滤波器通带与阻带频率是逐渐过渡的，因此需定义通带截止频率和阻带边界频率。

通带截止频率可定义为半功率点频率。

阻带边界频率可定义为功率衰减90%的频率点（也可定义其他衰减值，如衰减95%；衰减10 dB、20 dB等。）

通带最大衰减与阻带最小衰减的定义就不赘述了。

由于微波滤波器是由微波传输线、分布参数元件构成的，所以当频率变化时，这些分布参数元件的数值甚至电抗性质都将发生变化，使得本应是阻带的频段出现了通带，称为寄生通带。微波滤波器的寄生通带应尽可能远离滤波器通带。

本机微波带通滤波器共有两种：一种是LTCC集成带通滤波器，一种是五节微带带通滤波器。

四、实验仪器

RZ9908E型射频微波与天线综合实验平台：　　　　1套

德力 SA8300B-E 频谱仪：　　　　　　　　　　　1台

五、实验内容

LTCC集成带通滤波器和微带带通滤波器实物如图5.8-1所示。

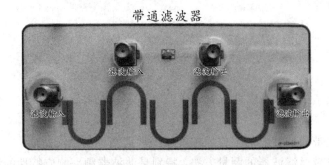

图5.8-1　微波带通滤波器实物图

微波带通滤波器频响测量电路连接框图如图5.8-2所示。

图5.8-2　微波带通滤波器频响测量电路

1. 微波带通滤波器频率响应测量

以五节微带带通滤波器测量为例，按图5.8-2用射频电缆将微波跟踪振荡器输出与五节微带带通滤波器输入连接起来，频谱分析仪接于滤波器输出。

2. 通带上、下截止频率测量

从带通滤波器频率响应曲线测量出最大输出信号下降 3 dB 时的最高及最低频率，即为带通滤波器通带上、下截止频率。根据通带上、下截止频率，求出它们的差，即为通带带宽。

3. 通带衰减测量

测量通带衰减必须要知道带通滤波器输入信号幅度，也就是跟踪振荡器输出信号幅度，则将跟踪振荡器输出直接接到频谱仪输入。

跟踪振荡器输出应基本平坦，2 GHz 时的衰减约 3 dB。

滤波器输入信号与滤波器通带内平均输出信号之差即为通带衰减。

滤波器通带衰减应为滤波器输入功率与通带实际输出功率之差。

4. 阻带边界频率及最小衰减测量

若定义比通带最大信号低 20 dB 即为阻带，据此可测出阻带的最低及最高边界频率。

5. 研究性实验：微波带通滤波器输入/输出端口阻抗及驻波比测量

(1) 矢量分析仪工作于 SOLT(T/R) 模式，进行手动校准或加载校准文件。

(2) 微波带通滤波器输入阻抗测量：微波带通滤波器输入端口与矢量分析仪的 DUT 连接，输出端口接 50 Ω，则测得的是微波带通滤波器输入阻抗及驻波比。

(3) 测量微波带通滤波器输出阻抗及驻波比，将微波带通滤波器输入、输出端口对换即可。具体操作步骤请参考定向耦合器的各端口阻抗及驻波比测量。

6. 研究性实验：微波带通滤波器输入/输出端口阻抗圆图测量

在实验内容 5 的基础上，观察软件界面左侧的阻抗圆图。

7. 研究性实验：微波带通滤波器传输参数测量

(1) 矢量分析仪工作于 SOLT(T/R) 模式，进行手动校准或加载校准文件。

(2) 传输衰减对滤波器而言实际就是滤波器的频率响应，而且测量十分方便。

(3) 微波带通滤波器传输衰减测量：微波带通滤波器输入端与矢量分析仪 DUT 连接；微波带通滤波器输出端与矢量分析仪 DET 连接。被测部件相应的参数图形显示在屏幕上，其中 mag(S21) 就是微波带通滤波器传输衰减。

在测量 S21 参数的同时还能测得微波带通滤波器输入/输出相移和时延参数。

六、实验注意事项

(1) 连接的 SMA 接头及连线必须可靠。

(2) 注意通、阻带测量与读取数据的方法。

(3) 微波带通滤波器测试结果可参考实测曲线。

七、报告要求

(1) 写出实验目的和内容。

(2) 按实测的频谱响应画出滤波器的频谱图。

(3) 如何扣除扫频振荡器频响不理想对滤波器特性测试的影响？

(4) 写出实验体会，并总结如何计算带通滤波器通带、阻带范围。

5.9 微波低噪声放大器特性测试实验

一、实验目的

(1) 掌握低噪声放大器工作原理及各项性能指标的意义。

(2) 掌握低噪声放大器的测量方法。

二、预习要求

(1) 理解微波低噪声放大器的工作原理及特性。

(2) 明确微波低噪声放大器的中心频率、噪声系数、增益等技术指标的意义。

(3) 了解微波低噪声放大器的测量方法。

三、实验原理

低噪声放大器(LNA)作为接收系统的第一个电路单元，它的性能直接影响着整个接收机的性能。低噪声放大器的功能是在保证产生最低噪声的前提下，将信号进行放大，以降低后续模块所产生的噪声对信号的影响。系统的噪声计算公式如下：

$$NF = NF_1 + \frac{NF_2 - 1}{G_1} + \frac{NF_3 - 1}{G_1 G_2} + \cdots \tag{5.9-1}$$

从上式可以看到，整个系统的噪声主要由第一级噪声决定，所以作为第一级的低噪声放大器，它的性能至关重要。

从低噪声放大器的字面意思可以知道，低噪声放大器既需要有低的噪声，也需要有大的增益，因为接收机从天线接收来的信号一般都很微弱，以 GSM 为例，最低只有 -100 dBm，所以低噪声放大器要在有最小的噪声的同时还有大的增益。而事实上这两个是很难同时满足的，因此设计人员在设计过程中对最低噪声系数和最大增益进行折中考虑。

此实验设计采用 Avago(安华高科公司)的低噪声放大器芯片 ATF54143，该芯片是一款已封装好的超宽带低噪声放大器，应用频率范围可达 450 MHz~10 GHz，而且芯片在低频段具有极好的噪声性能。

低噪声放大器指标如下：

工作频率：2200 MHz；

噪声系数：NF<1 dB；

增益：G>15 dB；

S_{11}：<-15 dB。

四、实验仪器

RZ9908E 型射频微波与天线综合实验平台： 1 套

德力 SA8300B - E 频谱仪：　　　1 台

五、实验内容

低噪声放大器特性可用跟踪振荡器作为信号源直接进行测量，电路连接如图 5.9 - 1 所示。

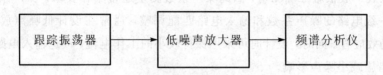

图 5.9 - 1　微波低噪声放大器实验电路

1. 跟踪振荡器输出的信号频谱测量

(1) 将跟踪振荡器输出用电缆与频谱仪输入连接。

(2) 考虑到放大器增益大于 30 dB，所以跟踪振荡器功率不能太大，设为 -40 dB。

(3) 按 MODE 屏幕右边显示条显示跟踪振荡器，按屏幕跟踪振荡器右侧的 F5 键，则跟踪振荡器激活，按 F2 使跟踪振荡器电平调节激活，旋转飞梭轮或用数字键调节跟踪振荡器电平，如设为 -40 dB。

实测参考结果：频标 2000 MHz 功率放大器输出信号为 -39.8 dB。

2. 微波低噪声放大器输出频谱测量

按图 5.9 - 1 连接电路，接通低噪声放大器电源，相应指示灯亮。

从频谱仪上便能观察到低噪声放大器输出信号频谱。

3. 微波低噪声放大器增益测量

低噪声放大器增益是微波低噪声放大器输出的信号电平与跟踪振荡器输出的信号电平之差，它是放大器的重要指标。从上述两曲线便可求出微波低噪声放大器各频率的增益。

实测，频标 2000 MHz 功率放大器输出信号 -8.7 dB，所以增益为 -8.7 + 39.8 = 31.1 dB。

若要精确测量其他频率增益，可利用光标一次测量六个频率的增益，具体的方法是：

(1) 将 6 个光标均打开，并设定 6 个不同的待测频率；

(2) 将跟踪振荡器输出用电缆与频谱仪输入连接，此时频谱仪显示跟踪振荡器频谱，利用光标逐个读出跟踪振荡器 6 个设定频率的输出功率，记录 6 个频率及相应输出功率；

(3) 按图 5.9 - 1 连接电路，接通微波低噪声放大器电源，相应模块内指示灯亮。频谱仪上便能显示微波低噪声放大器输出信号频谱，利用光标逐个读出微波低噪声放大器 6 个设定频率的输出功率，记录 6 个频率及相应输出功率。

(4) 将上述第 (3) 步测得的 6 个频率功率减去第 (2) 步对应的 6 个频率的功率，便得到该 6 个频率的增益。

(5) 重复上述 (1)~(4) 便可精确测得更多频率的增益。

4. 研究性实验：噪声系数测量

噪声系数是低噪声放大器的重要指标之一，它决定了本接收机的噪声性能。故虽然噪声系数测量比较困难，但仍将其列入测试内容。噪声系数测量必须要用专门的测量仪表，如 LOTTAK 噪声系数测试仪，它的频率范围为 10 MHz～26.5 GHz，完全满足本机测量要求。普通仪表一般很难准确测量，因此噪声系数测量通常不作要求。噪声系数主要决定于放大器第一级电路的噪声系数和输入电路匹配调整，通常在设计低噪声放大器第一级时，应采用场效应管。同时，设计时可采用保持较小的工作电流，改进输入电路匹配，加强电源滤波等措施减小噪声影响。

六、注意事项

（1）测量低噪声放大器特性时，输入信号的幅度不宜过大，应确保放大器在线性区工作。

（2）进行低噪声放大器增益测量时，幅度不易读准，测量时应特别仔细。

（3）放大器增益参考结果约为 31.1 dB。

七、报告要求

（1）写出实验目的和内容。

（2）简述低噪声放大器工作原理，并画出实验框图。

（3）按实测数据画出低噪声放大器的频谱图。

（4）说明实验时各项测试条件(如测量点位置、仪表开关设置等)并记录各项测试数据。

（5）写出实验体会。

第六章 天线仿真实验

6.1 半波偶极子天线特性测试实验

一、实验目的

(1) 了解半波偶极子天线的辐射原理和分析方法，并掌握半波偶极子天线尺寸计算的一般过程。

(2) 学习并掌握 HFSS 软件的使用，熟悉天线仿真的流程，并完成天线的优化设计。

(3) 通过 HFSS 仿真分析天线的辐射原理及天线基本参数。

(4) 能够设计出满足指标要求的半波偶极子天线。

二、预习要求

(1) 了解半波偶极子天线的结构、辐射原理和基本参数。

(2) 熟悉 HFSS 软件分析，熟悉设计天线的基本方法及具体操作。

三、实验原理

半波偶极子天线又称对称阵子天线，是结构简单、使用最广泛的天线之一。半波偶极子天线的结构如图 6.1－1 所示，它由两根长度为 1/4 个工作波长，直径远小于工作波长的直导线组成，其中激励加载在中间的两个端点上，且两端点之间的距离远小于工作波长，可以忽略不计。

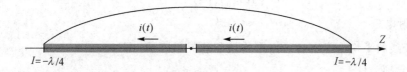

图 6.1－1 半波偶极子天线

1. 电流分布

如图 6.1－1 所示，假设偶极子天线沿 z 轴方向放置，其中心位置为坐标原点，则其电流分布可以表示为

$$I(z) = I_0 \sin k(1 - |z|) \qquad -\lambda/4 \leqslant z \leqslant \lambda/4 \qquad (6.1-1)$$

式中，I_0 是波腹电流，$k = 2\pi/\lambda$ 为波数。则式(6.1－1)可以写为

$$I(z) = I_0 \sin\left(\frac{\pi}{2} - kz\right) = I_0 \cos(kz) \qquad (6.1-2)$$

2. 辐射场和方向图

半波偶极子天线可以被视为由无限个长度为 $\mathrm{d}z$ 的电基本振子天线连接而成，其中 $\mathrm{d}z$ 这一小段上的电流等幅同相，但沿着 z 轴的电流幅度是按式(6.1-2)给出的正弦分布的，所以可以利用叠加原理来计算半波偶极子天线的辐射场，具体表示为

$$E_\theta = \mathrm{j}\,\frac{60I_0}{r}\,\frac{\cos\left(\dfrac{\pi}{2}\cos\theta\right)}{\sin\theta}\mathrm{e}^{-\mathrm{j}kr}\hat{e}_\theta = \mathrm{j}\,\frac{60I_0}{r}\mathrm{e}^{-\mathrm{j}kr}f(\theta,\phi)\hat{e}_\theta \qquad (6.1-3)$$

$$f(\theta,\phi) = \frac{\cos\left(\dfrac{\pi}{2}\cos\theta\right)}{\sin\theta} \qquad (6.1-4)$$

其中，$f(\theta,\phi)$ 为半波偶极子天线的方向性函数。

根据式(6.1-3)可以绘出半波偶极子天线的归一化场强方向图，在 H 平面($\theta=90°$)极坐标方向图是一个圆。在 E 平面(ϕ 为常数)中，辐射场强会随着角度 θ 的变化而变化，$\theta=\pm90°$ 方向上场强最大，$\theta=0°$ 和 $\theta=180°$ 方向上场强为零。

根据远区场的性质，可以求得半波偶极子天线的磁场为

$$H = \frac{1}{\eta_0}\hat{e}_r \times E = \mathrm{j}\,\frac{I_0}{2\pi r}\,\frac{\cos\left(\dfrac{\pi}{2}\cos\theta\right)}{\sin\theta}\mathrm{e}^{-\mathrm{j}kr}\hat{e}_\phi \qquad (6.1-5)$$

3. 方向性系数

已知天线的平均辐射强度 U_0 实际为辐射功率除以球面积，即

$$U_0 = \frac{1}{4\pi}\int_0^{2\pi}\int_0^{\pi}U(\theta,\phi)\sin\theta\mathrm{d}\theta\mathrm{d}\phi \qquad (6.1-6)$$

则半波偶极子天线的功率方向性系数为

$$D = \cfrac{1}{\cfrac{1}{4\pi}\int_0^{2\pi}\int_0^{\pi}\cfrac{\cos^2\theta\left(\dfrac{\pi}{2}\cos\theta\right)}{\sin^2\theta}\sin\theta\mathrm{d}\theta\mathrm{d}\phi} = 1.64 \qquad (6.1-7)$$

若以分贝表示则为

$$D = 10\lg(1.64) = 2.15 \text{ dB} \qquad (6.1-8)$$

4. 辐射电阻

已知天线的平均功率密度可由平均坡印廷矢量表示，即

$$P_{av} = \frac{1}{2}(E \times H^*) \qquad (6.1-9)$$

把式(6.1-3)和式(6.1-5)代入式(6.1-9)可得

$$P_{av} = \frac{15I_0^2}{\pi r^2}\,\frac{\cos^2\left(\dfrac{\pi}{2}\cos\theta\right)}{\sin^2\theta} \qquad (6.1-10)$$

所以，半波偶极子天线的辐射功率为

$$P_r = \int P_{av}\mathrm{d}S = \int_0^{2\pi}\int_0^{\pi}\frac{15I_0^2}{\pi r^2}\,\frac{\cos^2\theta\left(\dfrac{\pi}{2}\cos\theta\right)}{\sin^2\theta}r^2\sin\theta\mathrm{d}\theta\mathrm{d}\phi = 36.6I_0^2 \qquad (6.1-11)$$

已知

$$P_r = \frac{1}{2}I_0^2 R_r \qquad (6.1-12)$$

由式(6.1-11)和式(6.1-12)可以计算出半波偶极子天线的辐射电阻为

$$R_r = 73.2 \ \Omega \qquad (6.1-13)$$

5. 输入阻抗

根据基本的传输线理论，输入阻抗为任意一点处电压与电流之比，所以它通常为一个复数，即

$$Z_{in} = R_{in} + jX_{in} \qquad (6.1-14)$$

其中，实部电阻 R_{in} 包含两部分：辐射电阻 R_r 和导体损耗所产生的损耗电阻 R_l。对于良导体而言，R_l 可以忽略，此时实部电阻近似等于辐射电阻，即为

$$R_{in} = R_r \qquad (6.1-15)$$

对于虚部电抗 X_{in}，由理论分析可知，当天线长度约为 1/4 工作波长时，虚部电抗 $X_{in}=0$。所以，半波偶极子天线的输入阻抗为纯实数，易于和馈线匹配。

$$Z_{in} \approx R_r = 73.2 \ \Omega \qquad (6.1-16)$$

四、实验仪器

计算机：　　　1 台
HFSS 软件：　1 套

五、实验内容

设计一个半波偶极子天线，其中心频率为 2.45 GHz，中心频率处的回波损耗不小于 20 dB。总结设计思路和过程，给出具体的天线结构参数和仿真结果，如 VSWR、方向图等，分析其远区辐射场特性。

六、注意事项

(1) 天线的初始尺寸应准确计算。
(2) HFSS 建模、激励设置、边界条件设置、求解设置等应正确。
(3) 结合天线的工作原理，灵活使用 HFSS 的扫参、优化和灵敏度分析等进行仿真。

七、报告要求

(1) 按照标准实验报告的格式和内容完成实验报告。
(2) 完成数据整理、计算和绘图工作。
(3) 对仿真实验中的各种现象进行分析和讨论。
(4) 总结本项实验的心得与收获。

6.2　印刷偶极子天线特性测试实验

一、实验目的

(1) 了解印刷偶极子天线的辐射原理和分析方法，并掌握印刷偶极子天线尺寸计算的

一般过程。

(2) 学习并掌握 HFSS 软件的使用，熟悉天线仿真的流程，并完成天线的优化设计。

(3) 通过 HFSS 仿真分析天线的辐射原理及天线基本参数。

(4) 能够设计出满足指标要求的印刷偶极子天线。

二、预习要求

(1) 了解印刷偶极子天线的结构、辐射原理和基本参数。

(2) 熟悉 HFSS 软件分析和设计天线的基本方法及具体操作。

三、实验原理

微带巴伦馈线印刷偶极子天线是半波偶极子天线的变形，因具有剖面薄、重量轻、体积小、成本低、便于集成和组成阵列等优点而得到广泛的应用。图 6.2-1 为微带巴伦馈线印刷偶极子天线的结构模型，它由介质层、偶极子天线的两个臂、微带传输线、微带巴伦线、馈电面等五部分组成。其中，偶极子天线的两个臂、微带传输线和微带巴伦线分别由敷在介质层两面的金属传输线构成。也就是说，印刷偶极子天线的设计包含四部分内容：激励方式的选择、微带传输线、微带巴伦线和偶极子天线两个臂的几何设计。根据半波偶极子天线的理论可知，结构相同的天线两臂的总长度约为 1/2 个工作波长。

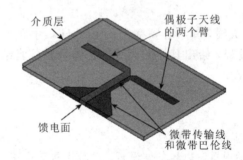

图 6.2-1 印刷偶极子天线的结构模型

当激励信号在馈电面处馈入时，偶极子天线的两个臂上电流方向相同，因此可用来辐射电磁波；而微带传输线上的电流方向相反，这意味着微带传输线不能够辐射电磁波。已知半波偶极子天线是对称结构，所以馈电电流必须对称分布。假设该天线采用同轴线结构馈入，同轴线内外导体结构的不对称进而导致天线上的电流也不会对称分布，从而会影响天线的性能。为了解决这一问题，通常在天线和同轴线之间插入一个微波巴伦结构，它可以将不平衡的电流转换成平衡的电流。一种结构简单的微波巴伦的几何结构为图 6.2-1 中的三角形。因为半波偶极子天线的输入阻抗约为 73.2 Ω，而馈电端口同轴线的特性阻抗一般是 50 Ω，所以，微带线既可用来传输激励信号，又可用来解决将同轴线直接连接至半波偶极子天线时产生的阻抗不匹配问题，其作用相当于 1/4 波长阻抗转换器。在实际设计中，三角形微带巴伦和微带传输线一起起到阻抗转换的作用，即可通过调节传输线的长度和三角形的大小调整馈电面的输入阻抗。

四、实验仪器

计算机： 1台

HFSS 软件：1套

五、实验内容

已知：介质层的材质采用 Rogers RO4003，其相对介电常数 ε_r 为 3.38，损耗正切 $\tan\delta$ 为 0.027，介质的厚度 H 为 1.52 mm。要求设计一个印刷偶极子天线，其中心频率为 2.45 GHz，中心频率处的回波损耗不小于 20 dB。最后总结设计思路和过程，给出具体的天线结构参数和仿真结果，如 VSWR、方向图等，分析其远区辐射场特性。

六、注意事项

（1）天线的初始尺寸应准确计算

（2）HFSS 建模、激励设置、边界条件设置、求解设置等应正确。

（3）结合天线的工作原理，灵活使用 HFSS 的扫参、优化和灵敏度分析等进行仿真。

七、报告要求

（1）按照标准实验报告的格式和内容完成实验报告。

（2）完成数据整理、计算和绘图工作。

（3）对仿真实验中的各种现象进行分析和讨论。

（4）总结本项实验的心得与收获。

6.3　单极子天线特性测试实验

一、实验目的

（1）了解单极子天线的辐射原理和分析方法，并掌握单极子天线尺寸计算的一般过程。

（2）学习并掌握 HFSS 软件的使用，熟悉天线仿真的流程，并完成天线的优化设计。

（3）通过 HFSS 仿真分析理解天线的辐射原理及天线基本参数。

（4）能够设计出满足指标要求的单极子天线。

二、预习要求

（1）了解单极子天线的结构、辐射原理和基本参数。

（2）熟悉 HFSS 软件分析，熟悉设计天线的基本方法及具体操作。

三、实验原理

单极子天线又称为直立天线，是垂直于地面或导电平面架设的天线，已广泛应用于长、中、短波及超短波波段。图 6.3 - 1 为单极子天线的结构，由一个长为 1/4 波长的直立振子和无限大接地导体板组成，利用镜像法，单极子天线可以等效为一个半波偶极子天线，但此等效只针对地面上半部分空间。

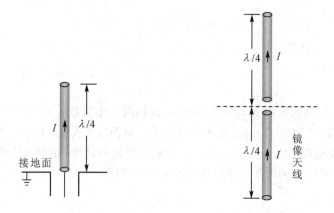

(a) 1/4 波长单极子天线   (b) 等效半波偶极子天线

图 6.3-1　单极子天线及其等效半波偶极子天线

1. 辐射场和方向图

图 6.3-1 的单极子天线的辐射场可直接利用半波偶极子天线的公式进行计算，即

$$E_\theta = j\frac{60I_0}{r}\frac{\cos\left(\dfrac{\pi}{2}\cos\theta\right)}{\sin\theta}e^{-jkr}e_\theta = j\frac{60I_0}{r}e^{-jkr}f(\theta,\phi)e_\theta \qquad (6.3-1)$$

再根据远区场的性质，可求得单极子天线的磁场为

$$H = \frac{1}{\eta_0}e_r \times E = j\frac{I_0}{2\pi r}\frac{\cos\left(\dfrac{\pi}{2}\cos\theta\right)}{\sin\theta}e^{-jkr}e_\phi \qquad (6.3-2)$$

2. 辐射功率和辐射电阻

已知单极子天线可以被等效为一个只针对地面上半空间的半波偶极子天线，因为半波偶极子天线对整个空间区域均有辐射功率，所以单极子天线只在接地面上方有辐射功率，即单极子天线的辐射功率只有半波偶极子天线的一半，从而其辐射电阻也仅为半波偶极子天线的一半。

根据实验 6.1 可知，半波偶极子天线的辐射功率和辐射电阻分别为

$$P_r = \int P_{av}dS = \int_0^{2\pi}\int_0^{\pi}\frac{15I_0^2}{\pi r^2}\frac{\cos^2\theta\left(\dfrac{\pi}{2}\cos\theta\right)}{\sin^2\theta}r^2\sin\theta d\theta d\phi = 36.6I_0^2 \qquad (6.3-3)$$

$$R_r = 73.2\ \Omega \qquad (6.3-4)$$

则单极子天线的辐射电阻约为 36.6 Ω。

3. 功率方向性系数

单极子天线和半波偶极子天线的方向性系数一致，可得

$$D = \frac{1}{\dfrac{1}{4\pi}\displaystyle\int_0^{2\pi}\int_0^{\pi}\frac{\cos^2\theta\left(\dfrac{\pi}{2}\cos\theta\right)}{\sin^2\theta}}\sin\theta d\theta d\phi \qquad (6.3-5)$$

若以分贝表示则为

$$D = 10\lg(1.64) = 2.15\ \text{dB} \qquad (6.3-6)$$

四、实验仪器

计算机: 1台

HFSS 软件: 1套

五、实验内容

已知: 介质层的材质采用 Rogers RO4003, 其相对介电常数 ε_r 为 3.38, 损耗正切 $\tan\delta$ 为 0.027, 介质的厚度 H 为 1.52 mm。要求设计一个单极子天线, 其中心频率为 2.45 GHz, 中心频率处的回波损耗不小于 20 dB。最后, 总结设计思路和过程, 给出具体的天线结构参数和仿真结果, 如 VSWR、方向图等, 分析其远区辐射场特性。

六、注意事项

(1) 采用 TXLINE 软件计算相应微带线的长度和宽度。

(2) HFSS 建模、激励设置、边界条件设置、求解设置等应正确。

(3) 结合天线的工作原理, 灵活使用 HFSS 的扫参、优化和灵敏度分析等功能进行电路优化。

七、报告要求

(1) 按照标准实验报告的格式和内容完成实验报告.

(2) 完成数据整理、计算和绘图工作。

(3) 对仿真实验中的各种现象进行分析和讨论。

(4) 总结本项实验的心得与收获。

6.4 矩形微带天线特性测试实验

一、实验目的

(1) 了解矩形微带天线的辐射原理和分析方法, 并掌握微带天线尺寸计算的一般过程。

(2) 学习并掌握 HFSS 软件的使用, 熟悉天线仿真的流程, 并完成天线的优化设计。

(3) 通过 HFSS 仿真分析天线的辐射原理及天线基本参数。

(4) 能够设计出满足指标要求的矩形微带天线。

二、预习要求

(1) 了解矩形微带天线的结构、辐射原理和基本参数。

(2) 熟悉 HFSS 软件分析, 熟悉设计天线的基本方法及具体操作。

三、实验原理

微带天线因其剖面低、尺寸小、重量轻、易共形和可集成等优点而得到广泛的应用。微带天线通常在一块厚度远小于工作波长的介质基片的一面敷以金属层作为接地板，而另一面是用尺寸和波长相比拟的金属层作为辐射片，并利用微带线或同轴线等传输线进行馈电。

1. 微带天线的辐射机理

可将微带天线近似等效为传输线模型进行分析，图 6.4-1 为矩形微带天线结构，其中辐射贴片的长度为 $L(L \approx \frac{\lambda}{2})$，宽度为 w，介质基片的厚度为 h。现将辐射贴片、介质基片和接地板视为一段长为 L 的微带传输线，在传输线的两端断开形成开路。根据微带传输线理论，基片厚度 $h \ll \lambda$，电场沿 h 方向均匀分布，此时在只考虑主模激励（TM_{10} 模）的情况下，传输线的场结构如图 6.4-1(b) 所示，即辐射基本上可认为是辐射贴片开路边缘引起的。

已知辐射片的长度约为半个波长，因此两开路端处的矢量电场其垂直分量方向相反，水平分量方向相同。所以，两开路端的水平分量电场可以等效为无限大平面上两个同相激励的长度为 w、宽度为 ΔL、相距为半波长的缝隙，且缝隙的电场沿着 w 方向均匀分布，如图 6.4-1(c) 所示。

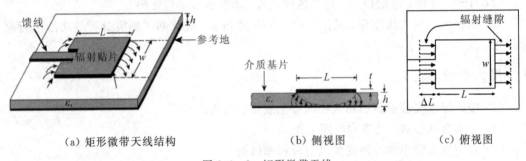

| (a) 矩形微带天线结构 | (b) 侧视图 | (c) 俯视图 |

图 6.4-1 矩形微带天线

2. 微带天线的馈电

目前常见的几种微带天线馈电形式有微带线馈电、同轴线馈电、耦合馈电和缝隙馈电等，其中，微带线馈电和同轴线馈电是应用最为广泛的两种馈电方式。

1）微带线馈电

微带线馈电方式又称为侧馈，是把微带传输线与微带辐射贴片集成在一起进行馈电，可以中心馈电，也可以偏心馈电，如图 6.4-2 所示，但馈电点的位置与激励模式有关。

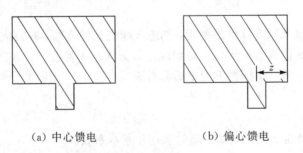

| (a) 中心馈电 | (b) 偏心馈电 |

图 6.4-2 微带线馈电

由上面几个实验可知，微带天线的输入阻抗存在与 50 Ω 不一致的情况，所以可以在天线辐射贴片与馈线之间接入阻抗匹配变换器而重新做成天线，其中，如果矩形辐射贴片的场沿某边有变化，那么改动馈电点的位置是获得阻抗匹配的一种简单办法。

2）同轴线馈电

同轴线馈电又称为背馈，它是将同轴插座安装在接地板上，同轴线外导体接地，内导体穿过介质基片接在辐射贴片上，如图6.4-3所示。

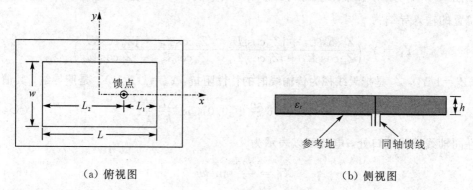

(a) 俯视图　　　　　　　　　　　(b) 侧视图

图 6.4-3　同轴线馈电

（1）辐射场。由上述分析可知，矩形微带天线的辐射场被视为由传输线两端开路处的缝隙构成的。这就是说，矩形微带天线的辐射可以等效为两个缝隙所组成的二元阵列。

已知单个缝隙天线的方向性函数为

$$F(\theta, \varphi) = \frac{\sin\left(\frac{kh}{2}\sin\theta\cos\varphi\right)}{\frac{kh}{2}\sin\theta\cos\varphi} \frac{\sin\left(\frac{kw}{2}\cos\theta\right)}{\frac{kw}{2}\cos\theta}\sin\theta \tag{6.4-1}$$

又因为沿着 x 轴阵列、间距 $L \approx \frac{\lambda}{2}$ 的二元阵的阵因子为

$$\cos\left(\frac{kL}{2}\sin\theta\cos\varphi\right) = \cos\left(\frac{\pi}{2}\sin\theta\cos\varphi\right) \tag{6.4-2}$$

因此，矩形微带天线的方向性函数可以表示为

$$F(\theta, \varphi) = \frac{\sin\left(\frac{kh}{2}\sin\theta\cos\varphi\right)}{\frac{kh}{2}\sin\theta\cos\varphi} \frac{\sin\left(\frac{kw}{2}\cos\theta\right)}{\frac{kw}{2}\cos\theta}\sin\theta\cos\left(\frac{kL}{2}\cos\varphi\right) \tag{6.4-3}$$

（2）输入导纳。由于微带矩形天线的电场沿矩形辐射贴片的某边变化，即天线的输入阻抗也随之改变，所以选取合适馈电点的位置是获得阻抗匹配的简单办法。如图6.4-2所示，微带矩形天线在距离辐射贴片边缘拐角 z 处进行微带馈电，则输入导纳为

$$Y_{in}(z) = 2G\left[\cos^2(\beta z) + \frac{G^2 + B^2}{Y_0^2}\sin^2(\beta z) - \frac{B}{Y_0}\sin(2\beta z)\right]^{-1} \tag{6.4-4}$$

$$B = \frac{k\Delta L \sqrt{\varepsilon_e}}{Z_0} \tag{6.4-5}$$

其中，Y_0 是天线视为传输线时的特性导纳，β 是相位常数，G（G 为 $\frac{1}{120\pi^2}$）是辐射电导，B 是等效电纳，$Z_0 = 1/Y_0$ 是把天线视为传输线时的特性阻抗。

已知一般情况下，$G/Y_0 \ll 1$，$B/Y_0 \ll 1$。这样，式（6.4-4）可以简化为

$$Y_{in}(z) = \frac{2G}{\cos^2(\beta z)} \qquad \beta z \neq \frac{\pi}{2} \tag{6.4-6}$$

式(6.4-6)表明，输入导纳与微带线馈电点的位置有关，即选取不同的馈电点位置可以获得不同的输入阻抗。

如图 6.4-3 所示，微带矩形天线在距离辐射贴片 L_1 和 L_2 位置处进行微带馈电，则馈电点位置的输入导纳为

$$Y_1 = Y_0 \left(\frac{Z_0 \cos\beta L_1 + \mathrm{j} Z_w \cos\beta L_1}{Z_w \cos\beta L_1 + \mathrm{j} Z_0 \cos\beta L_1} + \frac{Z_0 \cos\beta L_1 + \mathrm{j} Z_w \cos\beta L_1}{Z_w \cos\beta L_1 + \mathrm{j} Z_0 \cos\beta L_2} \right) \qquad (6.4-7)$$

式中，$Z_0 = 1/Y_0$，Z_0 是把天线视为传输线时的特性阻抗，$Y_w = 1/Z_w$，Y_w 是壁导纳，其值为

$$Y_w = 0.00836 \frac{w}{\lambda} + \mathrm{j} 0.01668 \frac{\Delta L}{h} \frac{w}{\lambda} \varepsilon_e \qquad (6.4-8)$$

在同轴线馈线端口处，电抗可以表示为

$$X_L = \frac{377}{\sqrt{\varepsilon_r}} \tan(kh) \qquad (6.4-9)$$

此时，输入阻抗为

$$Z_{in} = \frac{1}{Y_{in}} = \frac{1}{Y_1} + \mathrm{j} X_L \qquad (6.4-10)$$

式(6.4-10)表明，输入阻抗与同轴线馈电点的位置有关，即选取不同的馈电点位置可以获得不同的输入阻抗。

（3）方向性系数。根据方向性系数的定义，微带天线的方向性系数为

$$D = \frac{8}{I} \left(\frac{w\pi}{\lambda} \right)^2 \qquad (6.4-11)$$

四、实验仪器

计算机：　　　1 台

HFSS 软件：　1 套

五、实验内容

已知：介质层的材质采用玻璃纤维环氧树脂(FR4)，其相对介电常数 ε_r 为 4.4，损耗正切 $\tan\delta$ 为 0.02，介质的厚度 H 为 0.8 mm。要求设计一个使用同轴线馈电的矩形微带天线，其中心频率为 2.45 GHz，中心频率处的回波损耗不小于 20 dB。最后，总结设计思路和过程，给出具体的天线结构参数和仿真结果，如 VSWR、方向图等，分析其远区辐射场特性。

六、注意事项

（1）采用 TXLINE 软件计算相应微带线的长度和宽度。

（2）HFSS 建模、激励设置、边界条件设置、求解设置等应正确。

（3）结合天线的工作原理，灵活使用 HFSS 的扫参、优化和灵敏度分析等功能进行电路优化。

七、报告要求

(1) 按照标准实验报告的格式和内容完成实验报告。
(2) 完成数据整理、计算和绘图工作。
(3) 对仿真实验中的各种现象进行分析和讨论。
(4) 总结本项实验的心得与收获。

6.5 双频矩形微带天线特性测试实验

一、实验目的

(1) 了解矩形微带天线的辐射原理和分析方法，并掌握微带天线尺寸计算的一般过程。
(2) 了解微带天线获得双频的方法，并设计一种双频微带天线。
(3) 学习并掌握 HFSS 软件的使用，熟悉天线仿真的流程，并完成天线的优化设计。
(4) 通过 HFSS 仿真分析天线的辐射原理及天线基本参数。
(5) 能够设计出满足指标要求的双频矩形微带天线。

二、预习要求

(1) 了解双频矩形微带天线的结构、辐射原理和基本参数。
(2) 熟悉 HFSS 软件分析，熟悉设计天线的基本方法及具体操作。

三、实验原理

随着微波无线通信系统的迅速发展，为了满足与多个终端的通信要求，实现多系统共用和收发共用等功能，要求天线在不同频段下工作，因此天线的多频段通信技术成为现代无线通信领域迫切需要研究的问题。

实现微带天线双频工作的方法有多种：多片法、多模单片法、加载寄生支节法、多缝隙法等，其中最简单的方法是双模单片法，即单层双频矩形微带天线，如图 6.5 - 1 所示。

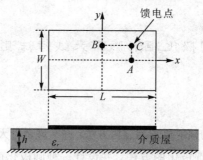

图 6.5 - 1 单馈电单层双频矩形微带天线

假定双频矩形微带天线的辐射贴片长度为 L，宽度为 W，则辐射贴片长度 L 对应 TM_{01} 的频率谐振，宽度 W 对应 TM_{01} 的频率谐振，进而使同一个辐射贴片工作在两个频率。如图 6.5-1 所示，在矩形微带辐射贴片的中心位置构建一个坐标系，其中，A 点 $(x, 0)$ 位置仅能激发 TM_{m0} $(m=1, 3, 5, \cdots)$ 模式；同理，在 B 点 $(0, y)$ 位置仅能激发 TM_{0n} $(n=1, 3, 5, \cdots)$ 模式。双频矩形微带天线需要同时激发 TM_{01} 和 TM_{10} 模式，则可将馈电点置于 (x, y) 位置的 C 点，且这两种模式均能得到 50 Ω 的输入阻抗。

四、实验仪器

计算机：　　　　　　　1 台
HFSS 软件：　　　　　 1 套

五、实验内容

已知：介质层的材质采用玻璃纤维环氧树脂(FR4)，其相对介电常数 ε_r 为 4.4，损耗正切 $\tan\delta$ 为 0.02，介质的厚度 H 为 0.8 mm。要求设计一个双频矩形微带天线，其中心频率分别为 1.9 GHz 和 2.4 GHz，且中心频率的回波损耗大于 20 dB。最后，总结设计思路和过程，给出具体的天线结构参数和仿真结果，如 VSWR、方向图等，分析其远区辐射场特性。

六、注意事项

(1) 采用 TXLINE 软件计算相应微带线的长度和宽度。

(2) HFSS 建模、激励设置、边界条件设置、求解设置等应正确。

(3) 结合天线的工作原理，灵活使用 HFSS 的扫参、优化和灵敏度分析等功能进行电路优化。

七、报告要求

(1) 按照标准实验报告的格式和内容完成实验报告。

(2) 完成数据整理、计算和绘图工作。

(3) 对仿真实验中的各种现象进行分析和讨论。

(4) 总结本项实验的心得与收获。

6.6　圆极化矩形微带天线特性测试实验

一、实验目的

(1) 了解矩形微带天线的辐射原理和分析方法，并掌握微带天线尺寸计算的一般过程。

(2) 了解微带天线获得圆极化的方法，并设计一种圆极化微带天线。

(3) 学习并掌握 HFSS 软件的使用，熟悉天线仿真的流程，并完成天线的优化设计。

(4) 通过 HFSS 仿真分析天线的辐射原理及天线基本参数。

(5) 能够设计出满足指标要求的圆极化矩形微带天线。

二、预习要求

(1) 了解圆极化矩形微带天线的结构、辐射原理和基本参数。

(2) 熟悉 HFSS 软件分析，熟悉设计天线的基本方法及具体操作。

三、实验原理

天线极化方式可以分为线极化、圆极化与椭圆极化三种，其中矩形贴片微带天线的极化方式通常是线极化，但是通过对微带贴片的处理及采用特殊的馈电方式，它也可以工作在圆极化和椭圆极化模式。圆极化的关键是激励起两个极化方式正交的线极化波，当这两个模式的线极化波幅度相等、相位相差 90°时，就能得到圆极化波的辐射。

图 6.6-1 为单点馈电圆极化矩形微带天线的结构。对于微带贴片的处理，当实验 6.5 中辐射贴片的长度 L 和宽度 W 相等时，激励的 TM_{01} 和 TM_{10} 两个模式的频率和强度相等，但两个模式电场的相位差为零。微调谐振长度略偏离谐振能够使 TM_{01} 和 TM_{10} 两个模式的相位相差 90°，从而构成了圆极化微带天线。假定辐射贴片的谐振长度为 L_c，此时辐射贴片的长度 L 为 L_c+a，对应的容抗为 $Y_c=G-jB$；宽度 W 为 L_c-a，对应的感抗为 $Y_1=G+jB$。调整 a 的大小能够使 $B=G$，即两阻抗的相位分别为 $-45°$和$+45°$，满足了圆极化条件，从而构成了圆极化微带天线。Kalio 和 Carver Coffey 研究证明，理论上当 $L/W=1.029$，即 $a=0.0142L_c$时，TM_{01} 和 TM_1 两个模式的相位差为 90°。

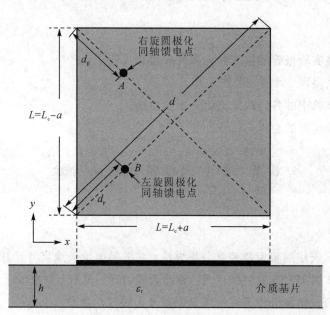

图 6.6-1 单点馈电圆极化矩形微带天线结构

馈电方式有两种，一种是单点馈电，另一种是正交双馈。本实验采用同轴线单点馈电的方式。已知馈电点的位置决定了圆极化的旋转方向，当馈电点在图 6.6-1 所示的 A 点位置时，产生右旋圆极化波；当馈电点在图 6.6-1 所示的 B 点位置时，产生左旋圆极化波。由实际经验可以得到，此种结构的 50 Ω 馈电点位于贴片对角线上，且馈电点和辐射贴片顶点的距离 d_p 在 $(0.35\sim0.39)d$ 之间。

四、实验仪器

计算机：　　1 台
HFSS 软件：1 套

五、实验内容

介质层的材质采用玻璃纤维环氧树脂(FR4)，其相对介电常数 ε_r 为 4.4，损耗正切 $\tan\delta$ 为 0.02，介质的厚度 H 为 0.8 mm。要求设计一个采用单点同轴线馈电的左旋圆极化矩形微带 GPS 接收天线，其中心频率为 1.575 GHz，且中心频率处圆极化波的轴比小于 2.0 dB。最后，总结设计思路和过程，给出具体的天线结构参数和仿真结果，如 VSWR、方向图等，分析其远区辐射场特性。

六、注意事项

(1) 采用 TXLINE 软件计算相应微带线的长度和宽度。

(2) HFSS 建模、激励设置、边界条件设置、求解设置等应正确。

(3) 结合天线的工作原理，灵活使用 HFSS 的扫参、优化和灵敏度分析等功能进行电路优化。

七、报告要求

(1) 按照标准实验报告的格式和内容完成实验报告。

(2) 完成数据整理、计算和绘图工作。

(3) 对仿真实验中的各种现象进行分析和讨论。

(4) 总结本项实验的心得与收获。

6.7　倒 F 天线特性测试实验

一、实验目的

(1) 了解倒 F 天线的辐射原理和分析方法，并掌握微带天线尺寸计算的一般过程。

(2) 学习并掌握 HFSS 软件的使用，熟悉天线仿真的流程，并完成天线的优化设计。

(3) 通过 HFSS 仿真分析天线的辐射原理及天线基本参数。

(4) 能够设计出满足指标要求的倒 F 天线。

二、预习要求

(1) 了解倒 F 天线的结构、辐射原理和基本参数。

（2）熟悉 HFSS 软件分析，熟悉设计天线的基本方法及具体操作。

三、实验原理

倒 F 天线（Inverted-F Antenna，IFA ）因其形状像一个面向地面的字母 F 而得名，且由于体积小、结构简单、易于匹配和制作成本低等优点而被广泛应用于短距离无线通信领域。倒 F 天线是由单极子天线衍化得到的一种变形结构，如图 6.7-1 所示。

为了减小体积，将 1/4 波长单极子天线弯折 90°，就是倒 L 天线，如图 6.7-1(b)所示，它的上半部分平行于地面，进而在天线与地板之间形成电容，导致天线的谐振特性发生改变。因此，在天线上加入感性部分对容性部分进行抵消以维持天线原有的谐振，即在天线的拐角处增加一个倒 L 形贴片，贴片的一端通过孔与地面相连，于是得到了图 6.7-1 (c)所示的倒 F 天线。

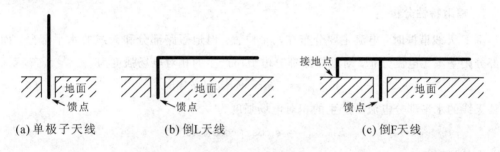

图 6.7-1　倒 F 天线的衍化过程

1. 结构参数分析

图 6.7-2 为倒 F 天线的结构示意图，它可视为由长为 S 的终端短路传输线和长为 L 的终端开路传输线并联而成。当天线谐振时，开路传输线可以等效成电阻和电容的并联；短路传输线可以等效成电阻和电感的串联，电流主要分布在图 6.7-2 中的对地短路部分和水平部分，而馈电部分处基本无电流分布。

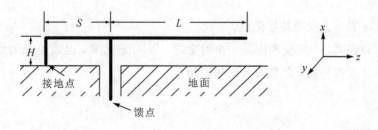

图 6.7-2　倒 F 天线结构

倒 F 天线的设计主要与 3 个结构参数有关：天线的谐振长度 L、天线的高度 H 以及两条竖直臂之间的距离 S，这三个结构参数决定着天线的输入阻抗、谐振频率和天线带宽等性能。L 对天线性能的影响最为直接，增加 L 会降低天线的谐振频率，减小天线的输入阻抗，此时天线呈感性；反之，减小 L 会增加天线的谐振频率，增大天线的输入阻抗，此时天线呈容性。由于倒 F 天线由四分之一波长的单极子天线衍化而来，因此 L 和 H 应满足两者之和为四分之一波长的关系。考虑到倒 F 天线的辐射基片通常印刷在 PCB 上，所以 L 和 H 之和一般介于 1/4 个自由空间波长和 1/4 个介质波长之间，在设计过程中，通常可以由下面的经验公式给出其初始值，即

$$L + H \approx \frac{\lambda_0}{4\sqrt{(1+\varepsilon_r)/2}} \tag{6.7-1}$$

其中，ε_r 是介质板材的介电常数，λ_0 是自由空间波长。

天线的另外两个重要参数 H 和 S 对天线性能的影响较为复杂，难以进行详细的理论分析。因此，在电路的实际设计中，为了满足天线的工作频率和输入阻抗的要求，需要对倒 F 天线的 3 个结构参数进行折中选取。

2. 辐射特性分析

倒 F 天线谐振时，电流主要分布在两个位置：对地短路部分和天线的水平部分，而馈电部分则基本无电流分布。对地短路部分电流所产生的相对电场强度为

$$\boldsymbol{E}_{\text{Vertical}} = -\boldsymbol{e}_\theta \cos\theta\cos\varphi + \boldsymbol{e}_\varphi \sin\varphi \tag{6.7-2}$$

天线的水平部分电流所产生的相对电场强度为

$$\boldsymbol{E}_{\text{Horizontal}} = \boldsymbol{e}_\theta \cos\varphi \left[\cos\theta + \mathrm{j}e^{\mathrm{j}\frac{\pi}{2}\cos\theta} \right] \tag{6.7-3}$$

则总电场强度为

$$\boldsymbol{E}_{\text{total}} = \boldsymbol{E}_{\text{Horizontal}} + \boldsymbol{E}_{\text{Vertical}} = \boldsymbol{e}_\theta \cos\varphi \left[-\sin\left(\frac{\pi}{2}\cos\theta\right) + \mathrm{j}\cos\left(\frac{\pi}{2}\cos\theta\right) \right] + \boldsymbol{e}_\varphi \sin\varphi \tag{6.7-4}$$

式(6.7-4)表明，倒 F 天线电场方向包含 θ 和 φ 两个方向，即倒 F 天线具有交叉极化的特点。由天线辐射的功率流密度定义可得

$$\rho = \frac{E_{\text{total}}E_{\text{total}}^*}{12\eta_0} = \frac{1}{2\eta_0}\left\{ \cos^2\varphi \left[\cos^2\left(\frac{\pi}{2}\cos\theta\right) + \sin^2\left(\frac{\pi}{2}\cos\theta\right) \right] + \sin^2\varphi \right\} = \frac{1}{2\eta_0} \tag{6.7-5}$$

其中，$\eta_0 = 120\pi$ 表示真空的特性阻抗。

式(6.7-5)表明，功率流密度是一个固定值，与 θ、φ 无关，也就是说天线在各个方向上辐射的功率密度都相同，即具有等向辐射特性。

四、实验仪器

计算机：   1 台

HFSS 软件：   1 套

五、实验内容

介质层的材质采用玻璃纤维环氧树脂(FR4)，其相对介电常数 ε_r 为 4.4，损耗正切 $\tan\delta$

为 0.02，介质的厚度 H 为 0.8 mm。要求设计一个倒 F 天线，其中心频率为 2.4 GHz，并要求 10 dB 带宽为 100 MHz。最后，总结设计思路和过程，给出具体的天线结构参数和仿真结果，如 VSWR、方向图等，分析其远区辐射场特性。

六、注意事项

（1）采用 TXLINE 软件计算相应微带线的长度和宽度。

（2）HFSS 建模、激励设置、边界条件设置、求解设置等应正确。

（3）结合天线的工作原理，灵活使用 HFSS 的扫参、优化和灵敏度分析等功能进行电路优化。

七、报告要求

（1）按照标准实验报告的格式和内容完成实验报告。

（2）完成数据整理、计算和绘图工作。

（3）对仿真实验中的各种现象进行分析和讨论。

（4）总结本项实验的心得与收获。

6.8　单频 PIFA 特性测试实验

一、实验目的

（1）了解单频 PIFA 的演变过程和分析方法，并掌握单频 PIFA 尺寸计算的一般过程。

（2）学习并掌握 HFSS 软件的使用，熟悉天线仿真的流程，并完成天线的优化设计。

（3）通过 HFSS 仿真分析理解天线的辐射原理及天线基本参数。

（4）能够设计出满足指标要求的单频 PIFA。

二、预习要求

（1）了解单频 PIFA 的结构、辐射原理和基本参数。

（2）熟悉 HFSS 软件分析和设计天线的基本方法及具体操作。

三、实验原理

1. 天线的基本结构

PIFA（Planar Inverted F-shaped Antenna，平面倒 F 天线）是目前应用最为广泛的手机内置天线，具有尺寸小、重量轻、剖面低、造价便宜、机械强度好、频带宽、效率高、增益高、受周围环境影响小、对人体辐射伤害小、覆盖频率范围宽等一系列优点。图 6.8-1

为 PIFA 的典型基本结构，由四部分构成：接地平面用作反射面，辐射单元是与接地平面平行的金属片，短路金属片用于连接辐射单元和接地平面，同轴馈线用于信号激励。

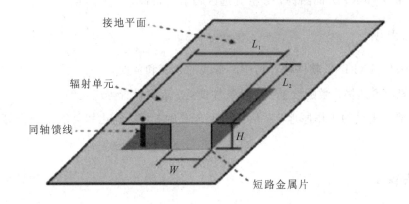

图 6.8-1　PIFA 的典型基本结构

PIFA 的演变过程可以从技术和理论两个不同的方面表述。从技术方面来说，它是由单极天线演变而来，即将倒 F 天线的细导线用具有一定宽度的金属片代替。从理论方面来说，PIFA 可以由微带天线理论发展而来，即将 PIFA 视为一个具有短路连接的矩形微带天线。PIFA 辐射激励与微带天线类似，由其导体边沿和地板之间的边缘场产生，即高频电磁泄漏。PIFA 共振模式与微带天线是一样的，都共振在 TM_{10} 模式，但 PIFA 由于将短路金属片置于矩形辐射金属片和接地平面，因此可将矩形辐射金属片的长度减半，进而达到缩小天线尺寸的目的，而在短路金属片的位置 TM_{10} 模式的电场是等于零的。当短路金属片宽度比辐射金属片窄时，天线的有效电感会增加且共振频率会低于传统的短路矩形微带天线，因此缩小短路金属片的宽度，还可以进一步缩小 PIFA 的尺寸。

2. 天线设计

根据以上各种近似模型，已有不少文献对 PIFA 进行了近似分析，并得到很多有指导意义的结论。假设分析采用的 PIFA 结构参数如图 6.8-1 所示，则 PIFA（矩形辐射体）的近似谐振频率为

$$f_r = rf_1 + (1-r)f_2 \quad L_1 \leqslant L_2 \tag{6.8-1}$$

或者

$$f_r = r^k f_1 + (1-r^k)f_2 \quad L_1 > L_2 \tag{6.8-2}$$

其中

$$f_1 = \frac{c}{4(H+L_2)} \tag{6.8-3}$$

$$f_2 = \frac{c}{4(H+L_1+L_2-W)} \tag{6.8-4}$$

$$r = \frac{W}{L_1} \tag{6.8-5}$$

$$k = \frac{L_1}{L_2} \qquad\qquad (6.8-6)$$

PIFA 中对带宽起决定作用的结构参数是辐射金属片的高度 H，PIFA 的带宽会随着辐射金属片高度 H 的增加而增加。短路金属片的宽度 W 除了会影响天线的谐振频率外，也会影响天线的带宽。另外，PIFA 接地平面的大小也会影响天线的带宽。

四、实验仪器

计算机：　　　　　　　　1 台
HFSS 软件：　　　　　　1 套

五、实验内容

介质层的材质采用玻璃纤维环氧树脂(FR4)，其相对介电常数 ε_r 为 4.4，损耗正切 $\tan\delta$ 为 0.02，介质的厚度 H 为 0.8 mm。要求设计一个单频 PIFA，工作在 2.4 GHz ISM 频段，其中心工作频率为 2.45 GHz，且 10 dB 带宽大于 100 MHz。最后，总结设计思路和过程，给出具体的天线结构参数和仿真结果，如 VSWR、方向图等，分析其远区辐射场特性。

六、注意事项

(1) 采用 TXLINE 软件计算相应微带线的长度和宽度。

(2) HFSS 建模、激励设置、边界条件设置、求解设置等应正确。

(3) 结合天线的工作原理，灵活使用 HFSS 的扫参、优化和灵敏度分析等功能进行电路优化。

七、报告要求

(1) 按照标准实验报告的格式和内容完成实验报告。

(2) 完成数据整理、计算和绘图工作。

(3) 对仿真实验中的各种现象进行分析和讨论。

(4) 总结本项实验的心得与收获。

6.9　矩形口径喇叭天线特性测试实验

一、实验目的

(1) 了解矩形口径喇叭天线的辐射原理和分析方法，并掌握矩形口径喇叭天线尺寸计算的一般过程。

(2) 学习并掌握 HFSS 软件的使用，熟悉天线仿真的流程，并完成天线的优化设计。

(3) 通过 HFSS 仿真分析天线的辐射原理及天线基本参数。

(4) 能够设计出满足指标要求的矩形口径喇叭天线。

二、预习要求

(1) 了解矩形口径喇叭天线的结构、辐射原理和基本参数。
(2) 熟悉 HFSS 软件分析，熟悉设计天线的基本方法及具体操作。

三、实验原理

喇叭天线又被称为角锥喇叭天线，因具有结构简单、频带宽、功率容量大、调整与使用方便等优点而成为一种应用非常广泛的微波天线。喇叭天线是一种常见的天线增益测试用标准天线，图 6.9-1 为矩形口径喇叭天线的基本结构，可以看出它由两大部分构成：一是波导管部分（宽和高为 a 和 b 的矩形波导，相当于天线中的馈线）；二是真正的喇叭天线部分（a_1 和 b_1 表示喇叭口径在 E 面和 H 面的边长，ρ_e 和 ρ_h 表示喇叭口径在 E 面和 H 面的斜径，ρ_1 和 ρ_2 表示喇叭口径在 E 面和 H 面的半径，R_e 和 R_h 表示喇叭上、下两个口径面之间的距离）。

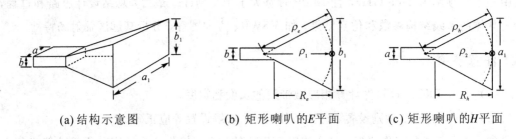

(a) 结构示意图　　　(b) 矩形喇叭的 E 平面　　　(c) 矩形喇叭的 H 平面

图 6.9-1　矩形口径喇叭天线

假定矩形口径喇叭由矩形波导进行馈电，且主模为 TE_{10} 模。其口径面上的场分布为

$$E'_y(x',\ y') = E_0 \cos\left(\frac{\pi}{a_1}x'\right) \mathrm{e}^{-\mathrm{j}k\delta(x',\ y')} \tag{6.9-1}$$

$$H'_x(x',\ y') = -\frac{E_0}{\eta} \cos\left(\frac{\pi}{a_1}x'\right) \mathrm{e}^{-\mathrm{j}k\delta(x',\ y')} \tag{6.9-2}$$

波程差引起的相位差为

$$\delta(x',\ y') \approx \frac{1}{2}\frac{x'^2}{\rho_2} + \frac{1}{2}\frac{y'^2}{\rho_1} \tag{6.9-3}$$

把式(6.9-3)带入式(6.9-1)和式(6.9-2)，可得辐射场为

$$E_\theta = \mathrm{j}\frac{kE_0\mathrm{e}^{-\mathrm{j}kr}}{4\pi r}\left[\sin\varphi(1+\cos\theta)I_1 I_2\right] \tag{6.9-4}$$

$$E_\varphi = \mathrm{j}\frac{kE_0\mathrm{e}^{-\mathrm{j}kr}}{4\pi r}\left[\cos\varphi(1+\cos\theta)I_1 I_2\right] \tag{6.9-5}$$

式中

$$I_1 = \int_{-a_1/2}^{a_1/2} \cos\left(\frac{\pi}{a}x'\right)\mathrm{e}^{-\mathrm{j}k\left[x'^2/2\rho_1 - x'\sin\theta\cos\varphi\right]}\mathrm{d}x' \tag{6.9-6}$$

$$I_2 = \int_{-b_1/2}^{b_1/2} \mathrm{e}^{-\mathrm{j}k\left[y'^2/2\rho_1 - y'\sin\theta\cos\varphi\right]}\mathrm{d}y' \tag{6.9-7}$$

矩形喇叭的增益可以表示为

$$G = \frac{4\pi}{\lambda^2}\varepsilon_{ap}a_1 b_1 \qquad (6.9-8)$$

其中，ε_{ap} 表示矩形喇叭的口径效率，在最佳增益设计时，该值约为 0.5。

在设计最佳增益的矩形口径喇叭天线时，对于给定矩形口径喇叭天线的增益 G 和矩形馈电波导尺寸 a、b，设计最佳增益的矩形口径喇叭天线，可转化为确定喇叭天线的其余尺寸 a_1、b_1 和 R_e。根据理论可以得出 E 面和 H 面扇形喇叭最佳方向性系数对应的 a_1 和 b_1 值，其中：

$$a_1 \approx \sqrt{3\lambda\rho_1} \qquad (6.9-9)$$

$$b_1 \approx \sqrt{2\lambda\rho_2} \qquad (6.9-10)$$

根据相似三角形关系，可以给出

$$\frac{\rho_1}{R_e} = \frac{b_1}{b_1 - b/6} \qquad (6.9-11)$$

$$\frac{\rho_2}{R_h} = \frac{a_1}{a_1 - a} \qquad (6.9-12)$$

已知

$$R_e = R_h \qquad (6.9-13)$$

由式(6.9-9)～式(6.9-13)可得

$$R_e = R_h = \frac{a_1 - a}{3\lambda}a_1 \qquad (6.9-14)$$

$$b_1 = \frac{1}{2}\left(b + \sqrt{b^2 + 8\lambda R_e}\right) \qquad (6.9-15)$$

把式(6.9-14)和式(6.9-15)代入式(6.9-8)中可得

$$G = \frac{4\pi}{\lambda^2}\varepsilon_{ap}a_1 b_1 = \frac{4\pi}{\lambda^2}\varepsilon_{ap}a_1\frac{1}{2}\left(b + \sqrt{b^2 + \frac{8a_1(a_1 - a)}{3}}\right) \qquad (6.9-16)$$

简化可得

$$a_1^4 - aa_1^3 + \frac{3bG\lambda^2}{8\pi\varepsilon_{ap}}a_1 = \frac{3G^2\lambda^4}{32\pi^2\varepsilon_{ap}^2} \qquad (6.9-17)$$

在初始设计时，可以根据前面相关公式分别计算出矩形喇叭的 a_1、R_e 和 b_1 的值。

四、实验仪器

计算机： 1 台

HFSS 软件： 1 套

五、实验内容

利用 HFSS 软件设计一个工作在 S 频段(1.55～3.4 GHz)的最佳增益矩形喇叭天线：其在 2.4 GHz 时的增益需要大于 19 dB，喇叭用 WR430 矩形波导来馈电，尺寸为 $a=4.30$ 英寸、

$b=2.15$ 英寸，激励信号由特性阻抗为 $50\ \Omega$ 的同轴线导入。最后，总结设计思路和过程，给出具体的天线结构参数和仿真结果，如 VSWR、方向图等，分析其远区辐射场特性。

六、注意事项

（1）采用 TXLINE 软件计算相应微带线的长度和宽度。

（2）HFSS 建模、激励设置、边界条件设置、求解设置等应正确。

（3）结合天线的工作原理，灵活使用 HFSS 的扫参、优化和灵敏度分析等功能进行电路优化。

七、报告要求

（1）按照标准实验报告的格式和内容完成实验报告。

（2）完成数据整理、计算和绘图工作。

（3）对仿真实验中的各种现象进行分析和讨论。

（4）总结本项实验的心得与收获。

第七章　天线演示实验

7.1　微波天线方向图测量实验

一、实验目的

（1）了解八木天线、抛物面天线、鞭状天线、偶极子天线、圆盘天线等的构造及特性。
（2）学会用德力 SA8300B－E 频谱仪测量天线的方向图。

二、预习要求

（1）了解微波天线方向图的基本概念及物理意义。
（2）掌握微波天线方向图测量的基本原理。

三、实验原理

天线是向空间辐射电磁能量，实现无线传输的重要设备。天线的种类很多，常见天线分为线天线和面天线两大类。高频、超高频多用线电线，微波常用面天线。每一类天线又有很多种，常见的线天线有鞭状天线、八木天线、偶极子天线等；常见的面天线有抛物面天线、喇叭口天线等。

天线的基本参数有天线方向图、主瓣波束宽度、旁瓣电平、带宽、极化方向、天线增益、天线功率效率、反射系数、驻波比、输入阻抗等。

天线向空间辐射电磁能量，在不同的方向辐射的电磁能量的大小是不相同的，将不同方向天线辐射的相对场强绘制成图形，称为天线方向图。本实验对天线的方向图进行测试。

四、实验仪器

RZ9908E 型射频微波与天线综合实验平台：　　　　1 套
八木天线、抛物面天线、圆盘天线等：　　　　　　2 个
德力 SA8300B－E 频谱仪：　　　　　　　　　　　1 台

五、实验内容

微波天线方向图测量框图如图 7.1－1 所示。

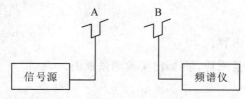

图 7.1－1　微波天线方向图测量框图

（1）按图 7.1-1 连接仪器。A 天线位置、姿态固定，B 天线中心位置不变，在水平面旋转 B 天线方向，记录天线旋转角度及德力 SA8300B-E 频谱仪读数，并填入表 7.1-1。

表 7.1-1　功率测量数据(1)

天线旋转角度	0°	10°	20°	30°	40°	50°	⋯	360°
频率为 2.4 GHz 时的功率								

设两天线对正(此时德力 SA8300B-E 频谱仪功率读数最大)为 0°，按顺时针方向旋转计算角度。若要准确绘制方向图，可每隔 5°测量一次，对功率读数最小及其他较大读数的角度更应仔细测量，并记录准确的角度与功率读数。

（2）A 天线位置、姿态固定，B 天线中心位置不变，在垂直面旋转 B 天线方向，记录天线旋转角度及德力 SA8300B-E 频谱仪读数，并填入表 7.1-2。

表 7.1-2　功率测量数据(2)

天线旋转角度	0°	10°	20°	30°	40°	50°	⋯	360°
频率为 2.4 GHz 时的功率								

设两天线对正(此时德力 SA8300B-E 频谱仪功率读数最大)为 0°，按顺时针方向旋转计算角度。若要准确绘制方向图，可每隔 5°测量一次，对功率读数最小及其他较大读数的角度更应仔细测量，并记录准确的角度与功率读数。

（3）根据上述表格数据，绘制 B 天线水平及垂直方向图。

（4）根据天线方向图可得到主瓣波束宽度、旁瓣电平、前后向比等。

（5）改变频率，重复上述步骤进行测试。B 天线位置、姿态固定，A 天线中心位置不变，分别在水平面和垂直面旋转 A 天线方向，记录天线旋转角度及频谱仪读数，便可绘制出 A 天线水平面和垂直方向图。

六、注意事项

（1）注意天线的频率范围，信号源频率必须在天线工作频段之内。

（2）旋转天线时，中心位置不能改变，否则影响测量精度。

（3）测试中注意防止其他无关信号干扰，特别注意防止信号源直接辐射。

（4）两测试天线间距离应大于 5～10 倍的波长。

七、报告要求

（1）写出实验目的和内容。

（2）简述微波天线测量原理，并画出实验测量框图。

（3）写出实验体会。

（4）按照标准实验报告的格式和内容完成实验报告。

7.2 微波天线增益测量实验

一、实验目的

（1）了解八木天线、抛物面天线、鞭状天线、偶极子天线、圆盘天线等的增益。

（2）学会用德力 SA8300B－E 频谱仪测量天线的增益。

二、预习要求

（1）了解微波天线增益的基本概念及物理意义。

（2）了解影响天线增益的因素以及如何提高微波天线的增益。

（3）掌握微波天线增益测量的基本原理。

三、实验原理

天线增益是指天线在最大辐射方向上辐射功率流密度与相同辐射功率的理想无方向天线在同一距离处辐射功率流密度之比。常见的天线增益测试方法有以下三种。

1. 经典的天线增益测试方法

（1）先用理想无方向性点源辐射天线加入一功率，在距离天线一定的位置用频谱仪或接收设备测试接收功率 P_1。

（2）换用被测天线，加入同样功率，在同样位置重复上述测试，测得接收功率为 P_2。

（3）计算天线增益：$G = 10\lg(P_2/P_1)$。

理想无方向性点源天线不易找到，同时点源天线与信号源的匹配状态与被测天线与信号源匹配状态不可能相同，故此方法将引入测量误差。

2. 双天线法

本测试方法要求收发是完全相同的天线，并且方向对正。

根据弗里斯传递公式：

$$P_R = P_T G_T G_R \left(\frac{\lambda}{4\pi R}\right)^2 \tag{7.2-1}$$

式中，P_R 为接收天线接收到的功率，P_T 为发射天线辐射的功率，G_T 为发射天线增益，G_R 为接收天线增益，λ 为发射信号波长，R 为接收与发射天线的距离。

当收、发天线增益相同，即 $G_T = G_R$ 时，则 G 为

$$G = \frac{4\pi R}{\lambda} \sqrt{\frac{P_R}{P_T}} \tag{7.2-2}$$

用分贝表示为

$$G(\mathrm{dB}) = 10\lg \frac{4\pi R}{\lambda} + 5\lg \frac{P_R}{P_T} \tag{7.2-3}$$

由于天线与信号源阻抗不一定匹配，因此天线辐射功率很难准确测量，它将引入测量误差。

3. 比较法

这种方法是将被测天线和已知增益天线系数的标准天线进行比较，确定其增益。其测量框图如图 7.2-1 所示。

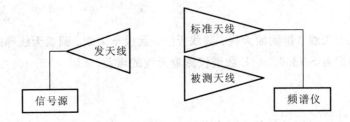

图 7.2-1 微波天线增益测量框图

若标准天线增益为 A，用标准天线测量频谱仪读数为 B，用被测天线测量频谱仪读数为 C，则被测天线增益为

$$G = (C - B) + A \qquad (7.2-4)$$

采用比较法测量时，要求更换天线时收、发天线距离应保持不变，如天线尺寸不同，其距离以两天线的几何中心距离为准；测量中适当增大收、发天线距离，能减小天线尺寸不同引起的误差；另外发射天线用全向天线亦可减小更换天线时位置差异引起的测量误差；频谱仪阻抗为标准的 $50\ \Omega$，因此接收端阻抗匹配状态一般较好。只要标准天线增益准确，本方法测量误差较小。

本实验采用比较法。

实测数据如表 7.2-1 所示。收、发天线距离约 2 m，信号源为 PLL＋VCO，频率 2.4 GHz。

表 7.2-1 实验测量数据 单位:dB

	标称天线增益	实测频谱仪显示	以偶极子天线为标准计算其他天线的增益/误差	以八木天线为标准计算其他天线的增益/误差
八木天线	12	−24.71	11.77/−0.23	12/0
小型抛物面	10	−26.41	10.07/0.07	10.3/0.3
壁挂(非标配)	7	−30	6.48/−0.52	6.71/−0.29
偶极子	2.15	−34.33	2.15/0	2.38/0.23
自制圆盘天线	无	−30.23	6.25	6.48

四、实验仪器

RZ9908E 型射频微波与天线综合实验平台： 1 套

八木天线、抛物面天线、圆盘天线等： 3 个

德力 SA8300B－E 频谱仪： 1 台

五、实验内容

(1) 按图 7.2-1 连接电路。选用方向性较差的天线如偶极子天线作为发射天线(垂直放置,水平面无方向性),信号源用 PLL+VCO 模块,频率调至 2.4 GHz。

(2) 选用偶极子天线或标配的八木天线作为标准天线,其天线增益为 A。偶极子天线 $A=2.15$ dB,标配的八木天线 $A=12$ dB。

(3) 收、发天线之间距离约 2 m,由频谱仪测得它的接收功率,以 B 表示。

(4) 收端换接被测天线,保持收、发天线之间距离不变,用频谱仪测得它的接收功率,以 C 表示。

(5) 根据 $G=(C-B)+A$ 求出被测天线增益。

六、注意事项

(1) 选用方向性较差的天线如偶极子天线作发射天线,可减小更换天线时位置差异引起的测量误差。

(2) 天线尺寸不同,其收、发天线距离以天线的几何中心距离为准,增大收、发天线距离,能减小天线尺寸不同引起的测量误差。

(3) 可选用偶极子天线、标配的八木天线或其他已知增益的天线作标准天线,但要注意测试信号源频率应在这些天线的频带内。

七、报告要求

(1) 写出实验目的和内容。

(2) 简述微波天线增益测量及计算原理,并画出实验测量框图。

(3) 写出微波天线增益测量的实验体会。

(4) 按照标准实验报告的格式和内容完成实验报告。

7.3 微波天线极化方向测量实验

一、实验目的

(1) 了解八木天线、抛物面天线、鞭状天线、偶极子天线、圆盘天线等的构造与极化方向关系。

(2) 学会测量天线极化方向。

二、预习要求

(1) 理解微波天线极化的基本概念及物理意义。

(2) 了解天线极化的原因。

(3) 掌握微波天线极化方向测量的基本原理。

三、实验原理

天线的极化方式有水平极化、垂直极化、圆极化等，它与天线的结构以及放置的姿态有关。本实验仅对天线的极化方向进行测试。

四、实验仪器

RZ9908E 型射频微波与天线综合实验平台：　　　1 套

八木天线、抛物面天线、圆盘天线等：　　　　　2 个

德力 SA8300B‐E 频谱仪：　　　　　　　　　　1 台

五、实验内容

微波天线极化方向测量框图如图 7.3‐1 所示。

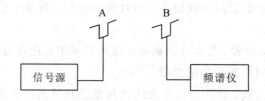

图 7.3‐1　微波天线极化方向测量框图

（1）按图 7.3‐1 连接电路。若 A、B 天线均为水平/垂直极化天线，A 天线水平放置，位置、姿态固定，将 B 天线也水平放置，记录德力 SA8300B‐E 频谱仪读数，此时为水平极化。

（2）保持 A、B 天线之间距离不变，改变 B 天线为垂直放置，便可测出天线极化方向，此时德力 SA8300B‐E 频谱仪读数大大减小，甚至为 0，则说明此时两天线极化方向不一致。

（3）B 天线姿态不变，将 A 天线也改为垂直放置，此时德力 SA8300B‐E 频谱仪读数恢复到步骤（1）时测量的数值，则说明此时两天线极化方向一致，同为垂直极化。

（4）若 A 天线不变，B 天线改为圆极化天线，旋转 B 天线，频谱仪读数基本不变。

（5）若 A、B 天线均为圆极化天线，并且面对面放置，旋转 B 天线或旋转 A 天线，频谱仪读数基本不变。

六、注意事项

（1）天线的极化方式有水平极化、垂直极化、圆极化。鞭状天线、八木天线、抛物面天线是水平或垂直极化天线，与它放置的姿态有关；螺旋天线是圆极化天线。

（2）注意天线的频率范围，信号源频率必须在天线工作频段之内。

（3）测试中注意防止其他无关信号干扰。

（4）两测试天线间距离应大于 5～10 倍的波长。

七、报告要求

（1）写出实验目的和内容。

（2）简述微波天线极化测量原理，并画出实验测量框图。

（3）写出天线极化方向测量的实验体会。

（4）按照标准实验报告的格式和内容完成实验报告。

7.4 微波天线工作频段测量实验

一、实验目的

（1）了解八木天线、抛物面天线、鞭状天线、偶极子天线、圆盘天线等的结构与工作频率的关系。

（2）学会用德力 SA8300B－E 频谱仪测量天线的工作频段。

二、预习要求

（1）理解微波天线带宽的基本概念及物理意义。

（2）了解提高微波天线带宽的方法。

（3）掌握微波天线带宽测量的基本原理。

三、实验原理

天线的几何尺寸与微波波长之比对电磁波辐射有很大影响，因此天线具有一定的频率使用范围。把同一距离处随频率改变，功率从最大下降 3 dB 的频率范围称为天线带宽。天线工作频段测量就是利用这一特性，利用矢量网络分析仪或者频谱仪测量时，找出下降了 3 dB 对应的频率，再相减即可。

四、实验仪器

RZ9908E 型射频微波与天线综合实验平台：　　1 套

八木天线、抛物面天线、圆盘天线等：　　　　2 个

德力 SA8300B－E 频谱仪：　　　　　　　　　1 台

五、实验内容

微波天线工作频段测量框图如图 7.4－1 所示。

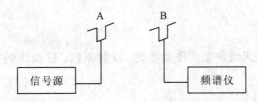

图 7.4－1　微波天线工作频段测量框图

（1）电路连接如图 7.4－1 所示，A、B 天线距离、方位等均固定不变(最好在最大传输方向）。

（2）改变信号源频率，记录德力 SA8300B－E 频谱仪读数，寻找最大读数时信号源频

率,此时信号源频率为该天线的中心频率。

(3) 增加及减小信号源频率,当德力 SA8300B-E 频谱仪读数下降 3 dB 时,记录信号源频率增加及减小之数值,此两频率之差称为天线带宽。

若用跟踪源测试,则在频谱仪屏幕上能直接读出天线带宽,一副天线可能带宽较宽,也可能有几段不同频率的通带;若用 PLL+VCO 作信号源,只能测量 2～2.45 GHz 带宽范围的天线的特性,并且每间隔 5 MHz 才有一个测量点。

六、注意事项

(1) 测量天线的频率范围最好有同类型不同大小、尺寸的天线,这样便于比较。
(2) 注意各天线的频率范围,信号源频率必须在天线工作频段之内。
(3) 下降 3 dB 有时不易看清,因此带宽测量误差可能较大。
(4) 测试中注意防止其他无关信号干扰。

七、报告要求

(1) 写出实验目的和内容。
(2) 简述微波天线频带测量原理,并画出实验测量框图。
(3) 写出微波天线工作频段测量的实验体会。
(4) 按照标准实验报告的格式和内容完成实验报告。

7.5 微波天线驻波比测量实验

一、实验目的

(1) 学会测量天线反射系数、驻波比。
(2) 学会使用开槽线。

二、预习要求

(1) 了解微波天线驻波比、反射系数的基本概念及物理意义。
(2) 掌握微波天线驻波比、反射系数测量的基本原理。

三、实验原理

反射系数、驻波比是天线的重要性能参数。反射系数、驻波比的相关概念参照 1.1、1.2 节内容。

四、实验仪器

RZ9908E 型射频微波与天线综合实验平台: 　　1 套

八木天线、抛物面天线、圆盘天线等: 　　1 个

德力 SA8300B-E 频谱仪: 　　1 台

五、实验内容

开槽线测量天线驻波比方框图如图 7.5-1 所示。

图 7.5-1　开槽线测量天线驻波比方框图

(1) 按图 7.5-1 连接电路,信号源用 PLL＋VCO 模块,频率设定为待测天线的工作频率。

(2) 用专用探头在开槽线上滑动,观察开槽线终端开路时沿线电平分布,记录波腹、波谷电平及位置刻度。根据波腹、波谷电平可计算驻波比(SWR);根据两相邻两波谷位置的距离差可计算波长和频率,并与信号源频率进行对比。

(3) 驻波比(VSWR)计算:先求波腹、波谷电平(对数)差值,然后将电平差值(对数)转换成倍数 K,即可计算驻波比:

$$\text{VSWR} = \sqrt{K} \tag{7.5-1}$$

对天线而言,$\sqrt{K}$ 越小,其阻抗越接近 50 Ω。

根据实测的驻波比运用公式 $|\Gamma| = \dfrac{\text{VSWR}-1}{\text{VSWR}+1}$ 计算反射系数。

在天线工作频带内,改变信号源频率,重复上述测量,如果频段内驻波比小并且数值波动小,说明天线性能较好。

(4) 研究性实验:用矢量分析仪测量天线驻波比、天线输入阻抗。

测试框图如图 7.5-2 所示。

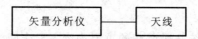

图 7.5-2　矢量分析仪测量天线驻波比方框图

若有矢量分析仪 就能直接测量并读出天线驻波比、天线输入阻抗。测量方法参见矢量分析仪使用说明。

(5) 研究性实验:输入阻抗推算。

不用矢量分析仪也可推算出天线阻抗:如已知驻波比,在圆图上可画出等驻波比圆,天线阻抗一定在此圆上。在驻波幅度分布图中,波谷对应圆图中等驻波比圆与横轴左边的交点;波腹对应圆图中等驻波比圆与横轴右边的交点。驻波幅度分布图中曲线上升段对应容抗(由源向负载移动时圆图是逆时针转动);下降段对应感抗。只要根据天线到最近的节点的距离和相邻两波节的距离便可推算天线阻抗,并将推算出的结果与矢量分析仪测得的结果进行比较。

六、注意事项

（1）滑动探头测得的电平并非是传输线在该位置电场的真实数值，它仅仅耦合了该位置电场很小一部分能量，它的大小能表示传输线该点信号的相对强弱。

（2）驻波比与反射系数计算公式中均需用电压进行计算。频谱仪测量的是功率电平，换算时应注意它们之间的关系。

（3）若有矢量分析仪，则驻波比可直接进行测量。

七、报告要求

（1）写出实验目的和内容。

（2）简述测量微波天线的反射系数、驻波比、输入阻抗的原理，并画出实验测量框图。

（3）写出实验体会。

（4）按照标准实验报告的格式和内容完成实验报告。

7.6　微波图像通信系统中天线调整实验

一、实验目的

（1）了解各种天线调整对图像传输的影响。

（2）学会微波电路的开通与调测。

二、预习要求

（1）了解微波图像传输原理及其实验测量框图。

（2）思考天线调节如何影响信号的接收。

三、实验原理

天线调整是微波通信系统开通调测的重要内容，天线调整包括天线选择、天线选址、天线架设、天线连接，以及天线高度、方向、位置调整等，最重要的是要使天线最大辐射方向对准通信的对象。实际工作中发送与接收不在同一位置，给调整带来很多困难。

四、实验仪器

RZ9908E 型射频微波与天线综合实验平台：　1 套

八木天线、抛物面天线、圆盘天线等：　　　 2 个

德力 SA8300B-E 频谱仪：　　　　　　　　 1 台

五、实验内容

微波图像通信系统中天线调整实验框图如图 7.6-1 所示。

（1）按图 7.6-1 电路连接好各设备，保证连接正确、可靠。

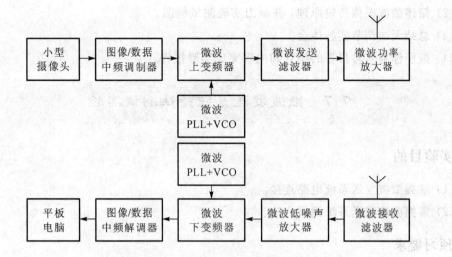

图 7.6-1 微波图像通信系统中天线调整实验框图

（2）接通 RZ9908 DT 和 RZ9908 DR 总电源，并给各有源模块加电。

（3）频谱仪接在微波下变频器输出端，用以监视下变频后的中频信号。

（4）在距离收、发设备及收、发天线不太远的位置（如 1～3 m）大致调节天线方向，注意收、发 PLL＋VCO 频率设定相同并且锁定；注意收、发端调制解调器频道是否相同；适当调节收、发端的 VGA 直到平板电脑上显示较清晰的图像。

（5）仔细调节天线的高度、摆放位置、极化方向、垂直平面的仰角和水平面的转角，使彩色图像更为清晰，伴音更洪亮。

（6）增大 RZ9908DT、RZ9908DR 和收、发天线间的距离（如 5～10 m），再仔细调节天线的高度、垂直平面的仰角和水平面的转角，使彩色图像清晰，伴音宏亮。

（7）如有条件，继续增大收、发设备及收、发天线之间的距离，并调节天线的高度与方向，观察彩色电视图像的变化，并评价图像、声音质量。

六、注意事项

（1）图像传输质量与收、发设备调整及收、发天线距离及调整有关。

（2）图像传输质量与 VGA 增益调节有关，增益过大会过载，增益太小则信噪比太低。

（3）图像传输质量与天线的高度、极化方向、垂直平面的仰角和水平面的转角调节有关。

（4）图像传输质量与实验时周围的电磁环境有关，特别是与周围是否有 WiFi 辐射有关。

（5）注意防止多组实验之间的互相干扰。

（6）图像有雪花一般是由于信号强度不够，考虑是否距离太远、VGA 增益低或天线方向没对正；无图像一般是由于 PLL＋VCO 频率未锁定或收发频率及频道设置不相同。

七、报告要求

（1）写出实验目的和内容。

（2）简述微波图像传输原理，并画出实验测量框图。

（3）总结天线调节实验体会。

（4）按照标准实验报告的格式和内容完成实验报告。

7.7　微波发送系统特性测试实验

一、实验目的

（1）掌握微波发送系统电路连接。

（2）掌握微波发送系统测试方法。

二、预习要求

（1）了解微波发送系统工作原理及电路框图。

（2）了解放大器、滤波器、混频器、功率放大器等的基本工作原理及结构特点。

（3）了解放大器、滤波器、混频器、功率放大器的设计方法。

三、实验原理

微波发送系统的主要作用是将需要传输的信源信号进行处理并发送出去。首先通过调制器，利用信源信号对高频正弦载波进行调制形成中频已调制载波，中频已调制载波经过变频器和滤波器转换成微波已调制载波，微波已调制载波送至微波功率放大器进行功率放大，最后送至发射天线，转换成辐射形式的电磁波发射到空间。一个典型的无线发信机的组成框图如图 7.7 - 1 所示。

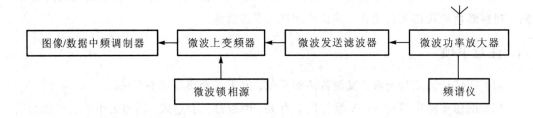

图 7.7 - 1　微波发送系统实验框图

四、实验仪器

RZ9908E 型射频微波与天线综合实验平台：　　1 套

八木天线、抛物面天线、圆盘天线等：　　2 个

德力 SA8300B - E 频谱仪：　　1 台

五、实验内容

（1）按图 7.7 - 1 连接电路，接通各模块电源，相应电源指示灯亮。

（2）若本振频率比带通滤波器通带范围高 50 MHz，信号正好落在带通滤波器的通带内，则能正带接收。

（3）用德力 SA8300B－E 频谱仪从图像/数据中频调制器输出开始逐级测量各级输出信号的频谱及功率并进行记录。

（4）改变本振频率，重复上述步骤进行测量。建议在带通滤波器通带内选 2～4 个频道测量；另外微波带通滤波器有两种，更换后进行同样的测试，并比较测量结果。

六、注意事项

（1）电路连接应正确。

（2）收、发 PLL＋VCO 振荡器频率设置相同。

（3）注意收发端本振源频率是否在锁定状态，若本振频率失锁，则图像不清晰或无图像。

（4）天线距离合适，方向对正，尽可能避开邻组干扰。

七、报告要求

（1）写出实验目的和内容。

（2）简述微波发送系统工作原理，并画出实验框图。

（3）按实测的频谱响应画出各测量点的频谱图。

（4）写出实验体会。

（5）按照标准实验报告的格式和内容完成实验报告。

7.8 微波接收系统特性测试实验

一、实验目的

（1）掌握微波接收系统电路连接。

（2）掌握微波接收系统测试方法。

二、预习要求

（1）了解微波接收系统工作原理及电路框图。

（2）了解微波接收系统各点频谱。

（3）了解微波接收系统各级输出功率。

三、实验原理

微波接收系统的主要作用是将天线接收下来的载波还原成要传输的信源信号。收信机的工作过程实际上是发射机的逆过程，首先对来自接收天线的射频载波信号进行低噪声放大，然后经过下变频器、中频滤波器中频放大器变换称为满足解调电平要求的中频已调制载波，最后经过解调器还原出原始的信源信号。一个典型的无线收信机的组成框图如图

7.8-1所示。

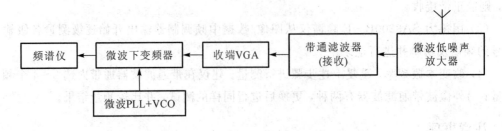

图 7.8-1 微波接收系统实验框图

四、实验仪器

RZ9908E 型射频微波与天线综合实验平台：　　1 套

八木天线、抛物面天线、圆盘天线等：　　　　2 个

德力 SA8300B - E 频谱仪：　　　　　　　　1 台

五、实验内容

(1) 按图 7.8 - 1 连接电路，接通各模块电源，相应模块内电源指示灯亮。

(2) 德力 SA8300B - E 频谱仪接在微波下变频器输出端，观察并测量恢复的中频信号。

当调节 VGA 及功率放大器增益、收/发天线位置及天线辐射方向、低噪声放大器增益、压控振荡器幅度等时，恢复的中频信号幅度均会发生改变；当调节收端与发端 PLL+VCO 频率时，其恢复的中频信号频率会发生改变。理论上两个 PLL+VCO 频率应相同即可恢复原中频信号。仔细调节上述各部件，用频谱仪观察，使恢复的中频信号与调制的中频信号一致或近似。

六、注意事项

(1) 电路连接应正确。

(2) 收、发 PLL＋VCO 振荡器频率设置相同。

(3) 注意收发端本振源频率是否在锁定状态，若本振频率失锁，则图像不清晰或无图像。

(4) 天线距离合适，方向对正，尽可能避开邻组干扰。

七、报告要求

(1) 写出实验目的和内容。

(2) 简述微波接收系统工作原理，并画出实验框图。

(3) 按实测的频谱响应画出各测量点的频谱图。

(4) 写出实验体会。

(5) 按照标准实验报告的格式和内容完成实验报告。

附录一　HD-CB-V电磁场电磁波数字智能实训平台

一、系统简介

电磁场电磁波及天线技术是电子信息工程、电磁场与电磁波、微波技术、天线技术类专业必不可少的一门实验课程,本实验系统包含功率计、频率计、方波信号发生器、电磁波产生器、功率放大器、选频放大器等,具有电磁波极化特性测试,天线方向图测试、静电场中位移电流测试等多种功能,可以加深学生对电磁波产生、(调制)、发射、传输和接收、(检波)过程及终端设备相关特性的认识,培养学生对电磁场电磁波及天线应用的创新能力。

二、系统特点

(1)测试系统面向"电磁场与电磁波"的课程建设,紧密配合教学大纲,通过直观生动的实验现象,完成对电磁场与电磁波相关特性的测试。

(2)系统内置1 kHz方波可调信号源、选频放大器,在完成对电磁波PIN调制的同时,可用于对天线方向图的测试,而无需选配其他实验装置。

(3)本装置电磁波发射可选大功率或低功率两路输出,方便做不同实验时自由切换,输出端口均为标准的N型接头。

(4)采用数字显示方式,在提高准确性的基础上,更便于感应器在任何位置归零,直接读取数值。

(5)测试系统自带频率计及功率计,用于对发射电磁波频率功率的测试及校准。

(6)自带波长计算功能,液晶界面直接显示。

(7)完成电磁波的极化特性测试、场电流的测试及终端天线增益的测试功能。

(8)通过实验现象可观测入射电磁波及反射电磁波叠加形成的驻波现象,测试电磁波的波长及频率。配置同轴式驻波测量槽线,可测试驻波参量、反射系数及电磁波的频率。

(9)该测试系统融基础性、验证性与设计性于一体,由浅入深地引导学生完成电磁场电磁波及天线相关知识的学习,将抽象的理论知识通过实验现象反映出来,同时通过计算加以分析。

三、系统组成

本实验系统由电磁波发射器(主设备)、选频放大器(内置)、功率计(内置)、频率计(内置）、同轴测量线（外接，选配）、双轨数字调节标尺、支撑臂、极化天线、反射板、感应器、极化尺等组成，如图 F1-1 所示。

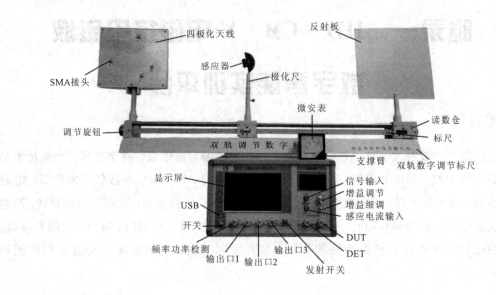

图 F1-1　系统实验装置

附录二 RZ9908E 型射频微波与天线综合实验平台

一、系统简介

本系统由射频微波与天线综合实验系统（发射）及射频微波与天线综合实验系统（接收）两个实验箱组成。在过去同类产品相比，增加了嵌入式矢量分析仪、多种滤波器、衰减器、功分器、环形器、单向耦合器和移相器等。模块间连接更为灵活，并新增了多个测量点，嵌入矢量分析仪使实验内容更丰富。可实现射频、微波与天线等相关试验的许多功能，更有利于加深学生对微波、天线领域知识的相关特性的认识，培养学生对微波与天线应用的创新能力。

二、系统特点

（1）RZ9908E 射频微波与天线综合实验系统是把射频/微波无源部件、射频/微波有源部件、射频/微波通信、射频/微波传输线和天线等教学内容集成在一起的综合实验平台，它既能完成射频/微波无源部件、射频/微波有源部件、射频/微波传输线及匹配理论和天线原理等内容的实验，同时也能完成射频/微波通信系统的综合实验。

（2）RZ9908E 射频/微波技术与天线综合实验系统的工作频率为 2.4 GHz 左右，是国家无线电管理委员会规定的业余无线电频段，不会对公网与专网产生电磁污染；2.4 GHz能充分体现射频/微波信号的特点，有益于学生准确认识射频/微波信号；另外 2.4 GHz 配套仪表价格低，利于实验室建设。

（3）RZ9908E 射频微波与天线综合实验系统分为射频微波与天线综合实验系统（发射）及射频微波与天线综合实验系统（接收）两个独立的实验箱，便于拉开距离，进行射频/微波信号传输、射频/微波通信及天线性能测试等实验。

（4）该系统射频/微波通信可预置多个微波频道，可通过调节本振频率进行设置，本振频率用数码管显示。能完成微波接力、微波组网、微波一点对多点等多种形式通信，并且可以避免实验室中多台设备同时工作时的相互干扰。

（5）系统模块固定于大基板上，有源部件由箱内稳压电源独立供电，外部无电源连线，实验时连线简洁、可靠性高；暂不工作模块的电源可用开关切断，减少不必要的相互干扰。

（6）射频/微波模块间采用 SMA 接头软电缆连接，既提高连接的可靠性，同时也不失模块间连接的灵活性。学生用软电缆进行模块间的连接，有利于熟悉射频/微波系统的构成和信号、电路的连接，同时也便于对单个模块输入、输出信号及其特性进行测试。

（7）实验箱中各射频/微波模块仍采用本公司独家首创的透明防静电有机玻璃盖板，既便于学生观看微波模块内部结构，增强对射频/微波模块的感性认识，同时也对电路起保护作用，延长设备的使用寿命。

（8）实验箱集成了射频/微波信号的产生、发送、传输、接收、放大、变频、滤波等各种射频/微波信号加工处理过程，既可对微波信号各个加工处理部件进行单独研究测试，同时也可把各部件连接，组成完整的射频/微波发、收通信系统，进行系统调测与研究。

（9）配有微型摄像头和平板电脑，可实现现场图像的射频/微波传输，视频图像效果好。

（10）嵌入矢量分析仪，能对过去无法测量的参数如反射参数、传输参数、输入/输出阻抗、相移等进行测量，它为微波电路及系统的实验、研究、设计与调整提供了新的有效手段。由于受实验教学时数限制，此类实验作为研究性实验，一般学生不作要求，学有余力或进行课题设计的学生可以据此进行实验。

三、系统组成

本实验平台主要由发射部分与接收部分两个实验箱组成，分别如图 F2-1 和图 F2-2 所示。

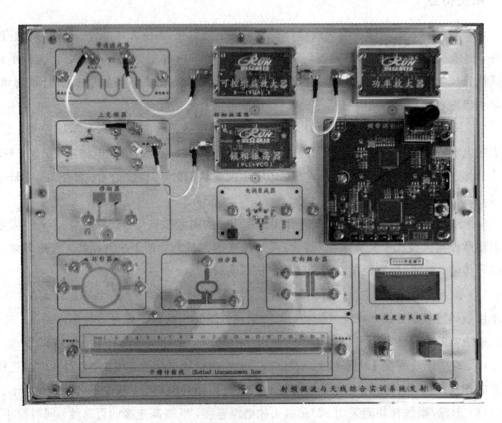

图 F2-1 发射系统装置

图 F2-2　接收系统装置

参 考 文 献

[1] 柯亨玉，龚子平.电磁场理论基础[M].北京：人民邮电出版社，2011.

[2] 张洪欣，沈远茂，韩宇南.电磁场与电磁波[M].北京：清华大学出版社，2016.

[3] 张瑜，李雪萍，付喆.电磁场与电磁波基础[M].西安：西安电子科技大学出版社，2016.

[4] 陈振国.微波技术基础与应用[M].北京：北京邮电大学出版社，2002.

[5] 徐锐敏，唐璞，薛正辉，等微波技术基础[M].北京：科学出版社，2009.

[6] 刘学观，郭辉萍.微波技术与天线[M].西安：西安电子科技大学出版社，2021.

[7] 徐锐敏，王锡良，方宙奇，等.微波网络及其应用[M].北京：国防工业出版社，2010.

[8] 清华大学《微带电路》编写组.微带电路[M].北京：人民邮电出版社，2017.

[9] POZAR D M. 微波工程[M].3版.张肇仪，周乐柱，吴德明，等译.北京：电子工业出版社，2006.

[10] HAYWARD W, CAMPBELL T, LARKIN B.射频电路设计实战宝典[M].邹永忠，杨惠生，吴娜达，译.北京：人民邮电出版社，2009.

[11] 李秀萍，高建军.微波射频测量技术基础[M].北京：机械工业出版社，2007.

[12] 彭沛夫.微波技术与实验[M].北京：清华大学出版社，2007.

[13] 王培章，张颖松.微波技术实验[M].北京：人民邮电出版社，2010.

[14] 魏文元，宫德明.天线原理与设计[M].北京：国防工业出版社，1985.

[15] 王培章，晋军.现代微波与天线测量技术[M].南京：东南大学出版社，2018.

[16] 王玖珍，薛正辉.天线测量实用手册[M].北京：人民邮电出版社，2018.

[17] 徐兴福.ADS2008射频电路设计与仿真实例[M].北京：电子工业出版社，2009.

[18] 李明洋，刘敏.HFSS电磁仿真设计入门到精通[M].北京：北京邮电大学出版社，2013.